纤维增强尾砂胶结充填体
作用机理与工程应用

薛改利　著

北　京
冶金工业出版社
2023

内 容 提 要

本书采用室内实验、数值模拟、理论分析和现场实验相结合的研究方法，从宏-细-微多个尺度，详细阐述了纤维增强尾砂胶结充填体作用机理与工程应用；同时对新时代矿山充填在绿色、低碳、智能和深地开采方面的变革进行了初探，并介绍了尾砂胶结充填的研究现状及发展趋势。

本书可供从事矿山充填领域的工程技术人员和研究人员阅读，也可供高等院校相关专业的师生参考。

图书在版编目（CIP）数据

纤维增强尾砂胶结充填体作用机理与工程应用/薛改利著．—北京：冶金工业出版社，2023.8
ISBN 978-7-5024-9574-9

Ⅰ.①纤…　Ⅱ.①薛…　Ⅲ.①纤维增强材料—胶结充填法—研究
Ⅳ.①TD853.34

中国国家版本馆 CIP 数据核字（2023）第 142641 号

纤维增强尾砂胶结充填体作用机理与工程应用

出版发行	冶金工业出版社	**电　话**	（010）64027926
地　址	北京市东城区嵩祝院北巷 39 号	**邮　编**	100009
网　址	www.mip1953.com	**电子信箱**	service@ mip1953.com

责任编辑　郭冬艳　美术编辑　吕欣童　版式设计　郑小利
责任校对　范天娇　责任印制　禹　蕊
三河市双峰印刷装订有限公司印刷
2023 年 8 月第 1 版，2023 年 8 月第 1 次印刷
710mm×1000mm　1/16；10.5 印张；205 千字；159 页
定价 78.00 元

投稿电话　（010）64027932　投稿信箱　tougao@cnmip.com.cn
营销中心电话　（010）64044283
冶金工业出版社天猫旗舰店　yjgycbs.tmall.com
（本书如有印装质量问题，本社营销中心负责退换）

前　　言

随着矿山浅部开发资源日渐枯竭，矿山开采逐渐向深部转移。深部金属矿不仅面临着"三高一扰动"的特殊开采环境，同时需要满足我国在矿山领域的发展战略要求；但受限于技术开采水平和经济制约因素，以及矿山的粗犷式发展等历史遗留问题，矿山的可持续健康发展受到严重制约。我国相关部门不断提出的矿业新理念为传统矿山转型提供了契机，"十四五"期间，我国明确提出"加快矿业绿色发展"，使其逐渐过渡到关注资源综合利用，坚持创新和协调发展，促进人与自然和谐共生。

充填采矿将以废石和尾砂为代表的固体废弃物填充至井下空区，有效控制了地表沉降与塌陷，减少了因采矿而诱发的地质灾害；有助于实现矿山大宗废弃物的资源化综合利用，提高了金属矿产资源回收率，降低了回采时的贫化率，具有"一充治三废，一废治两害"的独特优势。在碳达峰、碳中和的时代背景下，我国《"十四五"原材料工业发展规划》和《"十四五"时期"无废城市"建设工作方案》等提出围绕尾矿和废石等固废综合利用，推广尾矿等大宗工业固体废物环境友好型井下充填。由此可见，矿业发展的必然趋势是借助先进的技术等手段开展矿产资源的低碳开发，且充填采矿能够促进传统矿山绿色、低碳、循环和可持续发展，契合当代生态文明理念提供的机遇和挑战。

鉴于传统尾砂胶结充填体在复杂应力环境和开采扰动下表现为抗裂韧性差、易发生片帮和脆性断裂等现象，探索制备一种成本相对较低、整体强度高、抗裂和抗冲击性能良好的尾砂胶结充填体，具有重要的理论和实践意义。本书以多尺度、多维度形式系统地阐述了纤维增强尾砂胶结充填体作用机理与工程应用。

　　本书共分 8 章，第 1 章绪论主要介绍了我国充填采矿的发展历程，以及尾砂胶结充填体力学特性等方面的研究概况；第 2 章和第 3 章从宏观力学角度分析了纤维类型和掺量对胶结充填体力学特性的影响作用；第 4 章揭示了纤维增强作用机理，研究了掺纤维充填体的细观力学特性；第 5 章重点分析了掺纤维充填体的动态力学特性；第 6 章探究了掺纤维充填体工业应用的可行性；第 7 章从 3 个方面详细介绍了矿山充填开采的变革初探；第 8 章介绍了尾砂胶结充填体的研究现状及展望。

　　期待本书的出版能够助力矿业工程专业人才培养，为矿山充填安全高效回采提供借鉴和启迪。

　　由于作者水平所限，书中不足和疏漏之处，恳请读者批评指正。

作　者
2023 年 5 月 10 日

目　　录

1 绪 论

在金属与非金属矿山地下开采过程中，形成了大量的采空区和固体废弃物（如尾矿和废石），对地表安全和环境造成威胁。随着国内外矿山相继进入深部开采，充填采矿法因具有资源回收率高、安全程度可靠和减少地表尾矿堆存等优势得到了广泛的应用，充填采矿是绿色开采的发展方向和必然选择。一方面，料浆浓度、灰砂比、颗粒级配、充填系统等是影响充填体性能的重要因素；另一方面，充填体通常被用作临时或永久的支柱来支撑采空区，高度甚至可以达到80m；但是胶结充填体力学特性类似于混凝土，存在脆性高、弯曲和抗拉强度低、突变失效等问题。在相邻采场回采扰动的作用下，充填体极易发生片帮等现象，使矿石回收率降低、作业安全难以保证。

目前，地下开采仍以爆破手段为主，充填体在爆破冲击载荷下的稳定性至关重要，一旦发生垮塌必将严重威胁井下作业人员和设备安全，甚至诱发相邻采矿及上覆岩层发生连锁破坏，导致重大灾害事故。例如：2013 年 4 月 11 日，埃尔拉多集团白山金矿发生充填体垮塌事故，导致井下铲运机被埋。胶结充填体的力学强度需要满足工业实验要求，强度过高则会显著增加充填成本，过低则不能满足安全开采要求。

在传统水泥基复合材料的研究领域，纤维增强了材料的强度、韧性、延展性和抗裂性。常见的纤维类型包括合成纤维（聚丙烯纤维、聚丙烯腈纤维、聚乙烯醇纤维等）、无机纤维（碳纤维、玻璃纤维等）、金属纤维（钢纤维）等。在普通混凝土和土体结构中，虽然掺加纤维降低了可加工性，但能够有效控制裂纹扩展来提高其韧性和抗弯强度。

由于尾砂与混凝土和土体具有不同的物理结构和成分组成，其颗粒更细、活性较低，目前关于纤维对胶结充填体力学行为影响的研究依然较少。因此，在充填体质量能够满足自稳性要求及实现与围岩自适应力平衡的前提下，探索制备一种成本相对较低、整体强度高、抗裂和抗冲击性能良好的尾砂胶结充填体，具有重要的理论和实践意义。

1.1 充填采矿的发展历程

随着充填采矿工艺及充填设备技术的日趋完善，极大地推动了充填采矿的不断发展。按照充填材料和充填方式的不同可分为干式充填、水砂充填、胶结充填、高浓度胶结充填、膏体充填、全尾砂膏体充填、新兴矿山充填。同时，我国充填采矿发展历程的各个阶段均有着特殊的时代特征。图 1-1 为我国充填采矿法的发展历程。

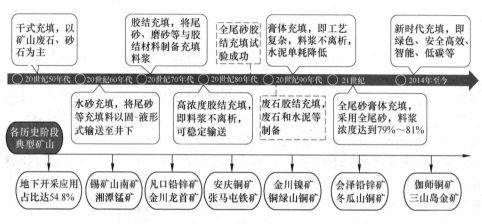

图 1-1　我国充填采矿法的发展历程

　　干式充填采用矿车、风力或其他机械方式输送废石、砂石等至采空区，属于早期充填采矿技术采用的方法。在 20 世纪 50 年代，干式充填在有色金属矿山地下开采中应用比例高达 54.8%；因其无法满足"强采、强出、强充"的生产需求，截至 1963 年产量占比降低至 0.7%。水砂充填是指将尾砂、碎石等充填物料以固-液两相流的方式输送至井下采空区，其料浆浓度通常低于 70%。20 世纪 60 年代，锡矿山南矿（1965 年）首次采用了尾砂水力充填采空区工艺，有效减缓了地表下沉；湘潭锰矿采用碎石水力充填工艺，取得了良好的预防效果。胶结充填通常采用尾砂、废石与水泥等胶结材料混合制备充填料浆，经管道泵送或重力自流形式至采空区；其目的是解决水砂充填强度低、料浆离析严重等问题。凡口铅锌矿（1968 年）成功运用分级尾砂胶结充填，意味着我国充填采矿工艺揭开了新的历史阶段。其中，20 世纪 60~70 年代，胶结充填对物料的级配要求较高，以粗骨料为主（例如：戈壁集料，金川龙首矿）。20 世纪 70~80 年代，胶结充填则多采用细砂（尾砂、棒磨砂等）；分级尾砂胶结充填工艺在 80 年代应用广泛，典型的矿山包括安庆铜矿、张马屯铁矿、焦家金矿等；缺点为细尾砂颗粒堆积于地表，对环境危害较大，同时分级尾砂又无法满足矿山对充填物料的需求。

　　针对高浓度胶结充填工艺而言，1977 年金川镍矿实现了棒磨砂+水泥的高浓度胶结充填；料浆浓度 70% 相对高于 65%，但 70% 并不意味着高浓度，而是指料浆具备不离析，能够被稳定输送至井下的特征。20 世纪 80 年代后期，金川镍矿和凡口铅锌矿开发实验成功了高浓度全尾砂胶结充填工艺。全尾砂充填料浆在井下采场脱水以后，浓度可达到 70%~78%；该工艺是以物理化学和胶体化学作为理论基础，采用了高效浓密机和真空过滤机以获取湿尾砂；成功地解决了矿山充填物料的不足，降低了对周边环境污染的影响；缺点为工艺复杂，成本偏高。膏体充填技术首先由德国格隆德铅锌矿开发研制成功，金川镍矿于 1996 年建成我国第一套膏体充填系统（标志性阶段），铜绿山铜矿于 1999 年建成第二套全尾砂膏体充填系统。膏体充填工艺运用了浓缩脱水技术、高浓度泵送技术、活化搅拌技术、计算机控制技术等；其整体工艺结构复杂，充填料浆无离析现象，充填体整体强度相对提高且水泥单耗较低，膏体料浆对长距离输送适用性高。2006年，会泽铅锌矿建成了国内第一座全尾砂膏体充填系统，采用引进的深锥浓密机，充填料浆浓度可达到 79%~81%。根据国家安全局 2014 年发布的［2014］48 号通知，新建地下矿山首先要选用充填采矿法，不能采用的要经过设计单位或专家论证，由此得知国家对于矿山充填的高度重视。结合近年来政府出台政策和国内外学者提出的新兴充填理念，定义新时代充填，即具备绿色、安全、高效、智能、低碳等典型特征。

1.2　CT 技术研究应用现状

1.2.1　CT 技术工作原理

工业 CT 于 20 世纪 70 年代末问世，其成像原理与医学 CT 完全相同。为了能够满足工业领域无损检测的要求，普遍采用了能量更高，穿透能力更强的 γ 射线。80 年代后期，CT 技术被用来观察岩石的内部结构，并推论不同条件下不同断面的图像组合可以显示出岩石内部裂纹的演化过程。目前，应用最为广泛的是基于 X 射线的 CT 技术。一般情况下包括射线源、信号探测器、数据采集系统、机械系统、计算机软硬件系统等。

（1）当 X 射线穿过物体时，其强度将产生一定的衰减，该类物质对 X 射线衰减性能的表征参数为衰减系数。

当 X 射线穿过厚度为 x 的均匀物质时，其强度遵循 Beer 的衰减规律。

即
$$I = I_0 \exp(-\mu x) \tag{1-1}$$

式中，I 为 X 射线穿透物体后的强度；I_0 为 X 射线穿透物体前的强度；μ 为被检测物体对 X 射线的衰减系数；x 为 X 射线在物体内的穿透长度，mm。

当 X 射线穿过非均匀物质时，即沿着某一方向的衰减系数是 μ 一个变量，可用函数 $\mu = \mu(x, y)$ 来表示其分布，沿着某一方向路径 L 上的总衰减。

即
$$I = I_0 \exp[-(\mu_1 x_1 + \mu_2 x_2 + \cdots + \mu_i x_i)] \tag{1-2}$$

$$\int_L \mu \mathrm{d}l = \ln(I_0/I) \tag{1-3}$$

式中，μ 为被检测物体对 X 射线的总衰减系数；L 为某一方向的总路径长度，mm；x_i 为 X 射线的穿射长度，mm；μ_i 为 X 射线穿射长度为 x_i 时对应的衰减系数。

（2）在实际应用过程中，假设直接使用线性衰减系数，其差别太小；通常采用 CT 数作为 CT 实验数据分析的关键参数，其表示被检测物体中某一点或区域对 X 射线的吸收强弱，不同物质对 X 射线的吸收系数不同，即 CT 数越高相当于密度越大。

即
$$CT_{\text{数}} = \frac{\mu_c - \mu_w}{\mu_w} \times 1000 \tag{1-4}$$

式中，μ_c 为检测物质的线性衰减系数；μ_w 为水的线性衰减系数。

1.2.2　CT 扫描实验研究

X 射线 CT 扫描技术具有无损检测和高分辨力的优点，是基于细观层面研究岩体损破规律及力学特性的有力手段。截止到目前，采用 CT 无损扫描技术，在探测岩体试件破坏过程的实时监测、不同的加载条件、微裂纹演变规律、岩体裂纹三维重构、损伤演化和变量分析等方面取得了一系列的研究进展。

Kawakata 等研究了 Westerly 花岗岩在三轴压缩状态下的损伤扩展特性；Raynaud 等和 Wellington 等分别研究了单轴对称荷载作用下岩石的破坏过程。代高飞等利用计算机层析摄影技术（CT）进行了单轴压缩荷载作用下脆性煤岩（试件 ϕ50mm×100mm）破坏全过程的细观损伤演化规律动态实验，将细观损伤演化规律全过程分为损伤弱化阶段、准线性阶段、损伤开始演化和稳定发展阶段、损伤加速发展阶段、峰后软化阶段共 5 个阶段。任建喜等提出了 CT 图像中裂纹宽度的估算方法，确定了应力损伤门槛值；根据 CT 实验结果的定量分析，研究单轴压缩下岩石损伤演化规律，建立了峰前分段岩石损伤演化方程及本构关系。葛修润等进行了煤岩三轴细观损伤演化规律的 CT 动态实验研究，在分析 CT 图像阶段引入了初始损伤影响因子，定义了基于 CT 数的新的损伤变量。卢晋波等利用高精度的工业 CT 对不同围压下伪三轴压缩实验的煤样进行破坏前后的断层扫描，研究表明随着围压增大，煤岩的抗压强度增大，且破坏后内部裂纹增多，损伤加剧。Landis 等利用三维射线扫描技术估计了压缩荷载作用下小型圆柱体砂浆试样内部裂纹的发展。Chotard 等利用 X 射线 CT 扫描方法研究了水泥水化过程中内部结构的变化，并取得了较好的效果。周尚志等研究了单轴压缩下混凝土（试件 ϕ60mm×120mm）初始缺陷、微裂纹及宏观裂纹的分形特征，认为分形维数对于表征静力压缩荷载下混凝土损伤破碎程度是可行的。党发宁等基于 CT 的混凝土试样静动力单轴拉伸破坏裂纹分形特征比较研究，结果表明静力拉伸荷载条件下混凝土破坏时裂纹扩展速度慢，破裂面粗糙曲折，裂纹绕着骨料追随最薄弱界面发展；动力拉伸时裂纹扩展速度快，破裂面较平直，裂纹切割骨料追随能量释放最快路径发展。杨更社推导了岩石损伤密度与CT数之间的定量关系，分析不同岩石的初始细观损伤特性和细观损伤扩展力学特性，构建了单轴受力和三轴受力状态下的岩石损伤扩展本构模型。因此，基于CT数表达的岩石损伤变量是评价破坏特征的有效参数。

$$即 \qquad D = \frac{1}{m_0^2(H_0 - E)/1000 + H_0} \qquad\qquad (1\text{-}5)$$

式中，D 为岩石的损伤变量；m_0 为CT设备的分辨率系数；H_0 为无损伤岩石的CT数均值；E 为被检测岩石CT数的均值。

此外，受制于人眼的分辨能力，利用观感信息难以有效地揭示灰度图像中隐含的众多宏观和细观信息。所以，如何有效的处理CT图像，影响到能否真实地反应岩体破损过程，具有非常可贵的研究价值。李廷春等研究了岩石裂隙在三轴加载作用下的扩展规律，采用3种不同区域划分方案（同心圆、等圆、等椭圆）分析不同层、不同阶段的CT数、CT图像，得知宏观裂纹的扩展受围压的作用变得更缓慢一些，更类似于延性破坏，脆性破坏不明显。王彦琪等通过对煤岩试样在单轴载荷作用下破坏过程的CT实时监测，提出了基于图像检索技术的CT扫描图像处理方法。马天寿等通过灰度级-彩色变换法的伪彩色增强技术提高CT图像的视觉分辨率（试件 $\phi25\text{mm}\times50\text{mm}$），同时采用完整度和破损度进行定量分析评价页岩水化细观损伤。王宇等为了克服阈值分割法确定材料孔隙率的缺陷，探索一种基于CT图像确定岩土介质孔隙的新方法。孙华飞等利用三维数字图像处理技术、自行开发的裂缝识别程序与三维模型重构方法，提取和定量分析了单轴压缩破坏过程中土石混合体的内部破裂与损伤行为，描述了内部裂纹在三维空间中的分布与演化特征（试件 $\phi34\text{mm}\times68\text{mm}$）。毛灵涛等通过对CT图像及其差值图像的统计特征，研究煤样力学特性与内部裂隙演化关系，发现CT差值图像的均值与方差更能体现宏观变形不同阶段内部裂隙相应变化。刘向君等以常规砂岩为研究对象（试件直径8mm，归类为小尺寸试件），结合获得的微CT扫描图像和先进的图像处理技术（滤波算法、图像分割、数学形态学）建立了具有真实孔隙结构特征的三维数字岩芯模型。朱红光等借助CT扫描获得单轴压缩破坏过程中岩石材料（试件 $\phi25\text{mm}\times50\text{mm}$）内部的密度分布信息和统计特征，利用同位置点的密度变化来识别微裂隙的活动，通过统计密度变化特征和分形指标描述研究微裂隙的演化行为，由此发现分形指标随应力增加呈先增加→减小→再增加的三段式增长。李建胜等结合显微CT扫描、数字图像处理（Matlab读取图像、灰度等级处理）、三维图像重构（光线投射法），为岩石类材料孔隙的定量分析研究提供了一种简单可行的新方法。王飞等利用Matlab软件均衡化处理煤样的原始CT扫描图，弥补了二值化过程中部分图像信息缺失的不足。

1.2.3 数值建模方法

赵毅鑫等采用 Mimics 软件重构三维模型，然后将模型几何和材料参数通过接口程序导入 FLAC 3D 软件，分析煤岩单轴压缩条件下的局部变形特征。于有等利用 Matlab 和 Mimics 两种软件分别对工业 CT 加载后的煤岩样品进行三维重构，并对重构出来的三维模型进行了对比分析，分析比较两种软件进行三维重构的优缺点。张青成等基于体视学原理和图像分割技术，对图像的灰度级别设定不同的二值化阈值，选取并验证二阶张量的最佳阈值；编程实现了煤岩 CT 图像的三维重构，为后续研究煤岩裂隙三维表征提供了科学依据。孙伟等运用医学 X-Ray CT 及小型加载装置开展了废石/尾砂混合回填体实时单轴压缩扫描实验，并结合 Minics、Image Pro Plus 等图像处理软件重构了不同应力状态下回填体的多组分结构模型。Wang 等利用路基材料的 CT 图像通过矢量化建立了离散元数值计算模型。于庆磊等由 CT 图像通过数字图像处理技术获得混凝土的三维结构模型，导入三维岩石破裂过程分析系统 RFPA 3D，对混凝土单轴压缩破裂过程进行了数值模拟。田威利用 CT 技术对动力荷载作用下混凝土细观破裂过程进行实时扫描观测。结果表明动力压缩荷载条件下混凝土破坏时裂纹起裂点多，裂纹演化速度快；而动力拉伸荷载条件下破裂面较平整，当加载速率较高时，裂纹穿越骨料非常明显。

1.2.4 细观结构与宏观力学性质的关联

随着损伤力学和其他相关学科（例如：断裂力学、细观力学、实验力学和计算机图像学）的不断进步，发展了宏观、细观、微观结合的研究方法。宏观即引入表征内部缺陷变量的唯象的损伤演变，对材料损伤进行描述和分析；细观方法是根据材料的微细观力学行为及之间的相互作用，建立宏观的考虑损伤的本构关系。根据研究方法和特征尺寸侧重点不同，将其分为 3 个层次，如图 1-2 所示。

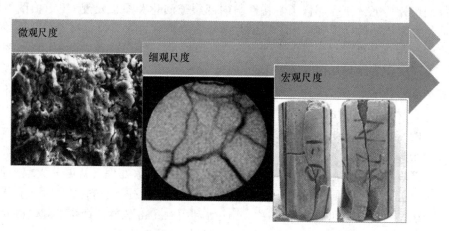

图 1-2 宏观、细观、微观研究的三个层次

在岩石（体）力学界对微观、细观、宏观空间尺度的一般界定为：微观尺度范围小于 $10\mu m$，细观尺度范围为 $10\sim1000\mu m$，宏观尺度范围大于 $1000\mu m$。为了探究充填体力学特性和稳定性机制，开展宏细观多尺度的研究，有必要从细观结构层次上分析变形和破坏的规律。

Mohamed 和 Hansen 提出了微观结构模型，深入地研究了混凝土细观结构及破坏机制。唐春安等提出的随机力学特性模型，各组分的材料性质按照某个给定的 Weibull 分布来赋值。葛修润等自行研制了岩土 CT 专用的三轴加载装置，可实现实验过程中岩土加载实时扫描。Dai Q 根据石基材料 CT 图像数据，建立了二维和三维微机械黏弹性有限元的单轴压缩实验模型。Coleri E 等采用自行研发的细观力学有限元模型，模拟了混合料变形破坏过程，分析其内部结构状态对宏观力学的影响行为。甘艳朋通过理论分析、细观数值模拟实验和宏观力学实验，研究混凝土材料的细观与宏观等效参数之间的数学联系。何建讨论了孔隙率和强度的关系，并定性分析了轻骨料碳纤维混凝土宏观力学性能和细观结构的关系。阚晋引入孔隙介质细观断裂模型，计算水泥浆体的宏观力学性能，获得了应力-应变曲线和极限拉伸强度，并与实验结果进行对比分析。杨永杰等利用 MTS815.03 电液伺服岩石力学实验系统和 S250 Mk3 扫描电镜对三种煤岩性能及形貌进行分析研究，得知其宏观力学性质与其微细观损伤密切相关。刘冬梅等分析了岩石细观损伤演化对宏观变形的贡献，建立了试样表面裂损度和宏观变形响应之间的关系。

1.3 纤维在水泥基复合材料的应用现状

尾砂充填体作为一种尾砂、胶骨料和水的混合材料，其力学性能与煤岩体存在本质区别。如何提高胶结充填体质量以确保安全高效回采一直是研究人员不断探索的科学问题。目前，关于矿山新型胶凝材料的开发应用、充填造浆系统的完善和改造等一直是研究的热点。针对掺加纤维以提高充填体完整性和抗裂性的研究却依然较少，故纤维在混凝土和土体领域的研究应用具有一定的借鉴意义。

Koohestani 等研究了枫叶木屑对胶结回填体力学性能和微观结构性能的影响，结果表明掺加 12.5% 木屑时能够提高胶结试件后期水化强度。Consoli 等通过将纤维增强致密金尾矿-水泥混合物在干/湿循环和无侧限抗压强度条件下孔隙/水泥指数的累计损失进行量化，研究纤维对金尾矿-硅酸盐水泥复合材料的耐久性和强度参数影响。Yi 等采用聚丙烯纤维和西澳大利亚镍矿的砂屑尾矿进行了一系列的无侧限压缩实验，实验表明纤维的加入显著降低了峰后强度损失，且有助于提高充填体完整性和自承载力的潜能。Festugato 等基于前人对纤维增强技术的研究，提出了纤维增强胶结充填体的潜在强度的改进，并研究了纤维增强在循环剪切实验中的剪切响应。康晶等在工作度和抗压强度研究的基础上，对比研究了不同纤维类型（玻璃纤维、聚丙烯纤维、钢纤维和混杂纤维）及掺量对高性能混凝土早龄期塑性开裂的影响。邓宗宁等将不同性能纤维和不同尺寸纤维合理混杂，有效地改善了超高性能混凝土（UHPC）的变形性能，其中细聚乙烯醇纤维与基体黏结性能好，对阻止微细裂缝扩展有显著效果；此外，研究了混杂纤维增强超高性能混凝土的增韧效果和合理评价方法。Pakravan 等针对复合短纤维增强混凝土性能效果的表征，从化学、物理和力学角度系统阐述其研究进展，并对不同类型的混合系统进行了分类和评价。曹霞等设计了 16 组不同纤维掺量的活性粉末混凝土（PRC）实验，研究结果表明掺钢纤维使活性粉末混凝土的寿命降低，掺聚丙烯纤维能提高活性粉末混凝土的寿命，最多能提高 15%。Mounes 等采用四种不同类型的玻璃纤维进行沥青混凝土试样的动态蠕变实验和蠕变曲线模型的验证，由此可知较高的抗拉强度或较小的网格尺寸使得样品的整体性能更好。刘志华研究了不同植物纤维物理改性对生土材料制品力学性能和耐久性能的影响，并从结构上分析了其强度增减原因。Festugato 等基于土壤、水泥和纤维相的失效叠加概念，提出了针对纤维有助于提高剩余强度的理论模型，进而预测人工胶结纤维增强土的抗拉强度-无侧限抗压强度比。

此外，Zareei 采用掺加甘蔗渣替代部分水泥，使得混凝土的强度和耐久性得到改善。Mastali 通过玻璃纤维增强了自密实混凝土的力学性能和抗冲击性。Bhutta 研究了不同纤维在土壤混合砂浆中的黏结性能、失效模式和抗滑机理，发现纤维对抑制准脆性材料的纵向断裂和裂纹扩展有良好效果。Consoli 研究了纤维增强人工胶结砂土力学强度的机理，结果表明应力是从基体中转移到夹杂的纤维，通过调动其抗拉强度提高材料的承载能力。Pakravan 发现在延性改善和减少开裂行为方面，低强度软纤维较高模量、高强度纤维的效果更好。此外，尽管有报告指出聚丙烯纤维降低了混凝土的抗压强度，但由于其高韧性和耐久性，抗压强度并没有显著降低。

WANG 等通过对 7 种高性能纤维增强水泥基复合材料在高速弹丸冲击下的实验研究，得知粗骨料和纤维的存在对复合材料的抗冲击性能有积极的贡献；且随着弹性模量的增加，复合材料的穿透深度减小。Gokoz 和 Naaman 在静态条件下硅酸盐水泥中三种不同纤维（光滑钢、玻璃和聚丙烯）进行拉拔响应性能测试，分析其等效黏结强度和能量吸收对等效强度的影响。Alessio Caverzan 等基于纤维增强水泥复合基材料的动态加载实验结果与静态行为对比，发现在高应变率作用下动态增加因子模型的增长明显低于预期，试件峰后行为表现受纤维影响要高于应变速率。Farnam 等采用 LS-DYNA 预测了纤维增强水泥材料两侧的裂纹与破坏模式，取得了良好的吻合效果。

纤维增强作用机制是十分复杂的，包括纤维抗拉强度、与基体间的黏结强度、摩擦强度，受到纤维长度、分布间距、体积率等因素影响。Kim 等研究了纤维含量和长度，以及单型纤维或混合纤维对混凝土力学特性的影响。Wan 等通过分析纤维长度对热塑性复合材料力学性能的影响，发现随纤维长度的增加材料强度大小略有增加。Araya-Letelier 等评价了 3 种不同纤维长度对增强土坯弯曲韧性、抗压强度和冲击强度的影响效应。Choi 等探讨了在聚乙烯纤维增强水泥复合材料中减小搭接长度的可行性。Arel 等和 Mastali 等通过实验表明：适当增加纤维的掺量和长度，提高了复合材料的抗压强度和抗冲击性；然而 Abbas 等却发现短钢纤维优于同体积长钢纤维混凝土的抗弯性能。此外，Laibi 等针对不同土体/纤维配方在抗弯强度方面的力学性能进行分析，验证了纤维长度的有益作用。Kim 等将不同纤维嵌入长度对硅酸盐水泥复合材料的拉拔性能和加固效果进行对比。Festugato 等根据纤维长度、水泥含量、孔隙率和孔隙率/水泥比等因素对砂土的无侧限抗压强度和劈裂抗拉强度的影响指数，确定砂土掺纤维的用量方法。

由于矿山胶结充填材料与常规强化混凝土具有显著的不同，其存在一个更广泛的粒度分布范围，且深部充填体受力状态相当复杂。由此可见，针对在胶结尾砂充填体复合材料中掺加纤维，是否能够有效提高充填体强度和抑制裂缝的发育与扩展，有必要进行深入系统的研究，为充填采矿法的应用与推广奠定了理论基础。

1.4 胶结充填体动力学特性

1.4.1 力学性能影响因素

胶结充填体是由骨料、胶凝材料（激发剂等）和水按照比例混合制备的非匀质复合材料，其力学强度和性能的影响因素主要包含灰砂比、料浆浓度、骨料级配、胶凝材料、养护龄期、养护条件、水和充填系统控制等。通常情况下，随着灰砂比、料浆浓度和养护龄期的增加，胶结充填体的力学强度逐渐增大；同时也意味着充填成本的增加，以及回采周期的延长。骨料作为充填料浆的主要组成成分（约占总体积的 80%），对胶结充填体的稳定性和耐久性具有重要影响；当细粒级骨料占比偏高时，不利于胶结充填体力学强度的提高。充填料浆中水的成分和酸碱度则影响着水化产物的形成，酸性矿井水更容易对胶结充填体产生侵蚀，由此可知，含硫尾砂充填体抗压强度随养护时间呈现先增加后降低趋势（90d 时降低 47.5%），无硫尾砂充填体强度随固化时间增加而增大，然后趋于平稳；在氯盐溶液的侵蚀作用下，胶结充填体强度变化趋势经历了增长期、下降期和稳定期。

由于激发剂种类繁杂，制备工艺和掺加量均对胶凝材料的性能产生影响，因此合理地选取胶凝材料对满足矿山胶结充填体强度要求至关重要。其次，充填系统控制是胶结充填生产实践和实施过程中关键的环节，其可靠运行和料浆浓度的稳定性控制，对保障充填料浆的顺利输送和充填质量十分重要。与此同时，考虑到矿山井下采场的实际养护条件与室内实验室是存在明显差别的，因此养护过程中的环境温度和湿度、外部荷载等对胶结充填体力学强度的形成和增长具有一定的影响作用；由此得知水泥回填的现场值高于实验室值，此时的充填深度大于300m；水泥回填的现场强度值低于实验室值，此时的充填深度小于100m。此外，按照回采时对胶结充填体强度的不同要求，充填体强度设计强度略有不同，但通常国内采用的强度值较国外偏高。

1.4.2　动力学特性实验

（1）准静态力学特性研究。胶结充填体力学强度及其参数可通过室内实验手段直接获取，常规加载方式包括单轴压缩、三轴压缩、剪切和抗拉实验等。国内外学者在胶结充填体蠕变特性、加卸载、应力-渗流和温度-应力等多场耦合领域开展了实验研究。相对充填体动态力学特性而言，国内众多学者对其准静态力学特性做了大量的研究工作。薛希龙开展了黄梅磷矿的准静态单轴压缩和劈裂实验，确定了最优的充填组合配比和相应的应力-应变曲线。宋卫东等以程潮铁矿的全尾砂为骨料、普通425号水泥为胶结剂，进行不同灰砂比、龄期及料浆浓度配比的单轴抗压强度实验。徐文彬等进行了不同灰砂比胶结充填体的固结全程电阻率和单轴抗压实验，发现充填体单轴抗压强度和电阻率二者之间存在明显的对数关系。曹帅等制备了不同分层的充填体试件对其进行力学强度破坏实验，研究分层次数对充填体强度的弱化效应及破坏形式。宋卫东等通过对全岩柱试件、岩柱-充填体试件、中空岩柱试件3种不同类型试件进行三轴压缩实验，分析了不同类型试件的应力-应变响应特征和岩柱-充填体系统的耦合作用机理。赵国彦等采用均匀设计方法，利用自制侧限压缩装置进行压缩实验，研究矿山充填尾砂材料的压缩承载机制和变形特性，分析了各个影响因素的敏感性和交互作用。鉴于充填料浆至最终固结过程发生了复杂的传热、渗流、受压和水化等协同作用，Wu等通过数值模型预测和分析挡墙的力学性能，研究其受膏体充填体的热-流-力-化耦合作用的影响效应。Hou等针对含裂纹充填体在热-力耦合作用下的损伤特性，提出了裂隙宏观损伤、加载细观损伤、热细观损伤和充填体总损伤共四种不同的损伤概念。

（2）动载条件下的力学特性研究。岩体承受地震荷载、冲击荷载、爆破荷载等变化较快的动态载荷下的力学特性，被称之为岩体的动力学特性。通常情况下，岩体的动态抗压强度高于准静态强度，即岩体在动态加载条件下具有更高的承载能力，此类现象称之为岩体动态破坏强度的应变率效应。一般认为应变率大于$10^2 s^{-1}$的岩石加载实验为动载实验，而对静态和准动态加载应变率界限的划分比较混乱，尚无一致的定论。

王志国结合室内充填体动载冲击模拟实验、挤压爆破落矿的实际情况及爆破理论，推导出挤压爆破在充填体立面产生动载荷的计算公式。刘志祥等在 MTS 刚性压力机上进行尾砂充填体试块的动静强度实验，得知配比低的充填体强度对加载速率更为敏感，动载强度增加显著；建立了高阶段矿柱开采爆破分析模型，进而研究爆破动载下充填体破坏规律。张福利等分别采用 WEP-600 液压万能实验机和 JSL-3000 落锤式波冲击实验机，研究金川镍渣胶结充填体动静加载状态下的强度特性，得知在动态荷载条件下充填体试件抗拉强度和抗剪强度的增加趋势相比抗压强度增加更为明显。

此外，分离式霍普金森杆系统（Split Hopkinson Pressure Bar，SHPB）是研究材料动态力学特性的理想设备，主要研究材料的动态应力-应变、应变率历程、能量吸收等。王俊程等采用 SHPB 杆对分级尾砂充填体试件开展单轴冲击实验，研究结果表明在动载情况下，其峰值强度与灰砂比和浓度的关系与静态条件下表现一致，但极限应力是静载的 6~10 倍。曹帅进行了不同加载速率和 SHPB 冲击效应的胶结充填体动力学实验，定量表征了胶结充填体峰值抗压强度与动力学特性的函数关系；此外，随着应变率的增大，试件破碎程度越高，大块率也随之减少，并伴有粉末出现。候永强等采用核磁共振仪测定不同浓度充填体试件的孔隙度，分析了孔隙度变化对充填体动载冲击变形的影响，由此可知孔隙度越大，充填体达到变形破坏的时间越短，其峰值应力随孔隙度的增大而减小。杨伟等进行了高应变率下全尾砂胶结充填体的力学特性实验（试件尺寸为 $\phi 50\text{mm} \times 25\text{mm}$），研究结果表明：全尾砂胶结充填体试件对弹性波传播有较强的反射和阻尼作用，且不同于一般脆性岩石动载下应力-应变曲线，破坏-压实的过程会发生 1~2 次，直到试件完全破坏为止；随着应变率增加，充填体试件动态强度增长因子显著提高，最高可达 4.27，而一般岩石的最大动态强度增长因子仅为 1.20~2.50；与普通岩石相比，其试件临界破坏的平均应变率较高；在临界破坏应变率下，试件沿轴向呈现劈裂破坏，在高应变率下，破坏形式为压碎破坏。

1.4.3 动态损伤破坏机理

国内外众多学者关于岩体动态损伤机理和本构模型的构建做了大量研究工作。李海涛等通过控制 TAW-2000 型电液伺服岩石三轴实验机的位移，研究不同加载速率对煤样力学行为的影响效果，并建立"骨架模型"解释其强度随加载速率增加表现出先升高后降低的现象（临界加载速率效应），由此可知较快的加载速率一方面限制裂隙发育，有利于承载；另一方面也使得微元体承载部分储存较多的变形能从而更接近破坏，不利于承载。柯愈贤等根据某深井开采矿山全尾砂充填体单轴压缩实验的应力-应变关系曲线，建立了全尾砂充填体峰值应力前应力和应变之间存在的三次多项式非线性函数本构模型，并从能量角度分析全尾砂充填体的强度指标。王勇等提出了不同初始温度下膏体温度-时间耦合损伤本构模型，采用 Comsol 软件进行数值模拟验证。张云海等分析了应变率为 $10\sim80s^{-1}$ 的动载条件下分层充填体的动态力学特性及变形破坏规律，并基于 Stenerding-Lehnigk 准则推导出的改进方程来判断分层充填体的失稳情况。徐琳慧进行了分级尾砂胶结充填体在不同应变率下（$0\sim100s^{-1}$）的 SHPB 单轴压缩实验和循环冲击实验，获得其全应力-应变曲线。此外，采用损伤力学、断裂力学和统计理论研究岩体破碎时能量耗散和破碎后的粒径分布。最近几年，分形理论在定量描述孔隙的分布，裂隙的分叉与扩展、破碎的粒径分布等方面取得了显著的成果。由 G. Matsui 通过大量的实验发现分形维数与耗散能量密度之间存在着线性的关系。刘少虹等研究了动静加载条件下煤的破坏机制，结果表明破坏模式以裂隙脆性扩展为主；动载的作用主要是使裂隙扩展，进而发生破坏；而静载的作用主要是改变原生裂隙的数量和裂隙尖端的蓄能。

1.4.4 动态损伤本构模型

损伤力学的概念最早是由 Kachanov 于 1958 年引入的，其表达的物理意义为结构有效承载面积的相对减少。损伤力学研究的主要方向为材料内部微缺陷的产生和发展所引起的宏观力学效应及最终导致材料破坏的过程和规律，是不可逆的、能耗的演变过程。损伤变量的定义可以用来描述微细观材料缺陷的力学效应。目前，损伤理论已经被公认为研究岩体最有效方法之一。

1.4.4.1 损伤变量

1958 年，Kachanov 在研究金属蠕变的过程中，认为微缺陷的扩展是导致金属蠕变损伤的主要原因。

即
$$\psi = \frac{A\%}{A} \tag{1-6}$$

式中，ψ 为蠕变损伤变量；$A\%$ 为实际承载面积，mm^2；A 为名义面积，mm^2。

我国学者吴刚采用微缺陷体积来定义损伤变量，且损伤是不可逆的。

即
$$D = \frac{V_D}{V} \tag{1-7}$$

式中，D 为损伤变量；V_D 为损伤体积，mm^3；V 为基本体积，mm^3。

假设含微裂纹代表单位体积的微裂纹密度分布函数为 n，则 nd_v 表示单位体积内 t 时刻体积在 $V-V+d_v$ 范围内的微裂纹数。

即
$$D = \int_0^\infty n(a, t)Vd_v \tag{1-8}$$

式中，D 为损伤变量；n 为单位体积的微裂纹密度分布函数；t 为时间，min；V 为初始体积，mm^3；d_v 为 t 时间段内增加的体积，mm^3。

单仁亮等通过对云驾岭煤矿无烟煤进行的大直径（$\phi75mm$）霍普金森压杆

实验（应变率为 $1\sim85s^{-1}$），以 1 根线性弹簧和 2 个不同松弛时间的 Maxwell 体并联的黏弹性模型表达无烟煤显著的塑性流动性，以弹性模量来定义损伤变量，建立了相应的动态本构模型，即线性黏弹性模型。

即
$$D(\varepsilon_i) = \frac{E_b - E(\varepsilon_i)}{E_b} = \frac{e(\varepsilon_i)}{E_b} \tag{1-9}$$

式中，$D(\varepsilon_i)$ 为损伤变量；E_b 为曲线的初始弹性模量，Pa；$E(\varepsilon_i)$ 为曲线上任意点与原点的割线模量，Pa；$e(\varepsilon_i)$ 为割线模量与初始模量的差值，Pa。

在外荷载作用下，假设充填体在加载前没有损伤，$D_0 = 0$；根据实验结果计算损伤变量和损伤能量释放率，认为其符合 Weibull 概率分布公式，目前大多数损伤演化方程采用幂指数形式。

即
$$D = 1 - \exp\left(-B|Y|^{\frac{1}{n}}\right) \tag{1-10}$$

$$Y = \frac{U_e}{1 - D} \tag{1-11}$$

式中，D 为损伤变量；B、n 为充填体材料参数，根据拟合计算得出；U_e 为弹性应变能，J/m^3。

1.4.4.2 本构模型

损伤力学里最广泛应用的是本构关系的有效应变等效等价原理，即 Lemaitre 应变等效原理。Lemaitre 应变等效原理指出："对于任何受损伤材料，不论是弹性、塑性，还是黏弹性、黏塑性的，在单轴或多轴应力状态下的变形状态都可通过原始的无损材料本构定律来描述，只要在本构关系方程中用有效应力来替代寻常的 Cauchy 应力即可。"应用 Lemaitre 应变等效原理，构建冲击荷载作用下一维动态本构模型。

即
$$\sigma = E\varepsilon(1 - D) \tag{1-12}$$

式中，D 为损伤变量，$D = 0$ 表示材料处于无损状态，$D = 1$ 表示材料处于完全破坏状态；σ 有效应力，kN；E 为弹性模量，Pa；ε 为应变，10^{-3}。

吴姗结合损伤力学和微元体强度理论，通过引入库仑强度准则和 weibull 分布函数，构建了胶结充填体的单轴及三轴压缩弹性损伤本构模型。孙琦等将损伤变量（弹性模量）引入改进的西原模型，建立了膏体胶结体的三维蠕变本构模型，由此可知胶结体属于黏弹塑性材料，具有明显的流变特性。刘海峰等基于 Mori-Tanaka 理论和 Eshelby 等效夹杂理论推出了混凝土材料弹性模量的计算公式，并结合细观力学推导出微裂纹对材料弹性模量的弱化作用以及微裂纹的损伤演化方程，实验采用的试件模型尺寸为 $\phi74mm\times70mm$。付玉凯等根据煤体材料的弹塑性和统计损伤特性，建立了损伤体-黏弹性动态本构模型（模型尺寸 $\phi50\,mm\times50mm$，两端的平行度控制在 0.02mm），模型的拟合曲线与实测动态本构曲线具有较好的一致性。侯永强等针对饱水与干燥两种状态下的充填体进行 SHPB 动载冲击，从损伤力学的角度利用 Lemaitre 应变等价原理与 Mazars 模型（即充填体最后破坏阶段由宏观裂纹产生并快速失稳）分析实验数据，并获得了其损伤本构模型与损伤演化方程。谢理想等针对 2 种典型的软岩砂质、泥岩进行动态力学性能测试，并且考虑软岩本身结构缺陷的影响，建立了一种适应软岩材料的损伤型黏弹性动态本构模型。杨艳等考虑了临界应变对被激活微裂纹数目的影响，以及翼裂纹扩展过程中的惯性效应及翼裂纹扩展速度与应变率之间的关系，最终建立了单轴压缩下岩石动态细观损伤本构模型。

1.5　本章小结

本章首先基于胶结充填应用现状及存在的问题，介绍了开展纤维增强尾砂胶结充填体作用机理与工程应用的研究背景及意义。其次，详细阐述了我国充填采矿的发展历程及各阶段的时代特征；最后，从 CT 技术、纤维在水泥基复合材料中的应用、胶结充填体动态力学特性 3 个层面为后续的研究工作进行铺垫，借鉴以往研究成果并进行了改进措施。

本书拟采用室内力学实验、数值模拟、理论分析和现场工业验证相结合的研究方法，开展纤维增强尾砂胶结充填体作用机理与工程应用。详细的研究方法为：（1）在实验室内完成掺纤维充填体的一系列基础力学实验，获取原始数据并为后续研究奠定良好的基础。（2）借鉴掺纤维混凝土研究方法，结合纤维增强理论、充填体抗压抗拉和冲击作用下的损伤力学特性，以及工业 CT 扫描的二维和三维构建理论，进行掺纤维尾砂充填体的弯曲韧性评价，研究细观结构参数与力学特性的内在联系；利用复变函数理论与损伤力学建立胶结充填体在冲击荷载作用下的本构模型方程。（3）根据实验数据和理论分析结果，采用颗粒流数值模拟软件和三维仿真软件，通过代码的二次开发，研究掺纤维充填体梁的裂纹扩展机理与演化规律，确定掺纤维工业充填体假顶的实验方案。（4）选取典型充填矿山为工程背景，对研究结论进行了现场工业实验。

2 掺纤维尾砂充填体抗压特性实验研究

2.1 引　言

　　轴心抗压是胶结充填体最基本的力学性能指标。由于纤维增强作用机理十分复杂，纤维掺量、纤维长度和纤维种类等因素的差异使得充填体内部结构不同。充填体力学特性不仅和原材料的种类和配合比有关，而且和实验过程中试件的尺寸大小密切相关。尺寸效应的存在使得胶结充填体力学参数随着几何尺寸的不同而变化。尽管国内外充填体试样尺寸具有差异，但多集中于立方体和圆柱体两种形式。此外，声发射作为一种无损检测手段，能够对声-电磁信号进行动态监测和分析，有助于监测压缩破坏过程中的变形特征，推断掺纤维充填体试件内部结构变化，分析损破机理。结合掺纤维充填体的三轴实验和声发射实验，不仅为后续数值模拟提供力学参数，且对充填体的声-电磁信号研究具有重要意义。

　　因此，在查阅大量文献的基础上，研究不同纤维类型和掺量对胶结充填体抗压性能的影响作用，以期为掺纤维充填体的研究和应用提供有益的参考价值。

2.2 实　验　方　案

2.2.1 原材料及特性

　　采用的主要原材料包括来自山东某金矿的全尾砂、42.5R 硅酸盐水泥和 3 种不同类别的纤维，如图 2-1 所示。全尾砂的密度为 2.53kg/m³，比表面积为 131.6m²/kg。由图 2-2 中全尾砂粒径分布曲线可知，$-20\mu m$ 的颗粒百分比约为 27%，显示出良好的保水性能。均匀系数 $C_u : D_{60}/D_{10}$ 和曲率系数 $C_c : D_{30}^2/D_{60} \times D_{10}$ 分别为 15.63 和 1.84。根据 Landriault 的尾矿分类系统，测试尾矿可归类为粗粒。全尾砂的化学成分组成如表 2-1 所示，SiO_2、Al_2O_3、CaO 和 MgO 的质量分数占全尾砂总质量的 82.37%，根据碱度计算公式 $M_o = (CaO + MgO)/(SiO_2 + Al_2O_3)$ 得知小于 1，属于酸性尾矿。选用聚丙烯纤维、聚丙烯腈纤维和玻璃纤维，其物理力学性能指标如表 2-2 所示。

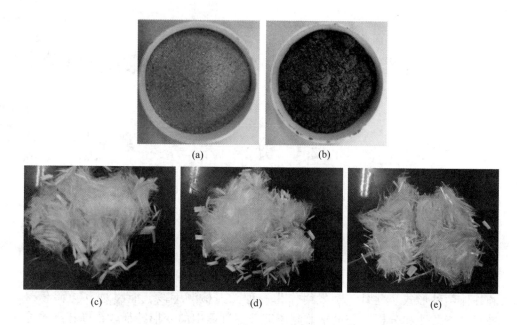

(a)　　　　　　　　　　　(b)

(c)　　　　　　　(d)　　　　　　　(e)

图 2-1　原材料示意图

（a）全尾砂；（b）42.5 水泥；（c）聚丙烯纤维；（d）聚丙烯腈纤维；（e）玻璃纤维

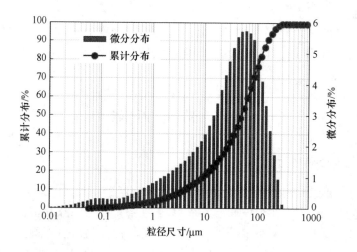

图 2-2　全尾砂粒径分布曲线

表 2-1　全尾砂的化学成分组成

成分	SiO_2	Al_2O_3	CaO	MgO	P	Fe	S	Au	Ag	Cu
含量（质量分数）/%	62.77	14.34	1.88	3.38	0.08	2.90	0.15	<0.01	0.032	<0.01

表 2-2　纤维的物理力学性能参数

纤维类型	长度/mm	密度/g·cm⁻³	抗拉强度/MPa	杨氏模量/GPa	形状	伸长率/%
聚丙烯	12	0.91	398	3.85	圆形	28
聚丙烯腈	12	0.91	736	4.68	圆形	30
玻璃	12	0.91	369	4.89	圆形	36.5

2.2.2　充填体试样制备

由于搅拌时间、搅拌机类型及纤维形状和掺加量对料浆搅拌质量都有影响作用，且纤维质量较轻易漂浮于液面。因此，在胶结充填体料浆的搅拌过程中，为了避免纤维分布不均匀及纤维聚团现象，采用"先干拌，再湿拌"的方式。将全尾砂、42.5R 水泥和纤维先干拌 3min，加入适量的水再搅拌 3min，直到纤维充分分散为止。搅拌完成后随机取样，若纤维已均匀分散成单丝，则料浆可以制备充填体试件。

分别制备不同类别的抗压充填体试件，然后置于温度（20±1）℃、相对湿度不低于 95%的 YH-40B 标准养护箱；48h 以后拆模，同时将试件上下两端面打磨平整，以满足平整度要求。为了减小实验误差，每组制备 3 个试块求取平均值。需要注意的是掺纤维试件成型时的振实方法不许用人工插捣和振捣棒振捣。充填体试样的制备过程如图 2-3 所示。

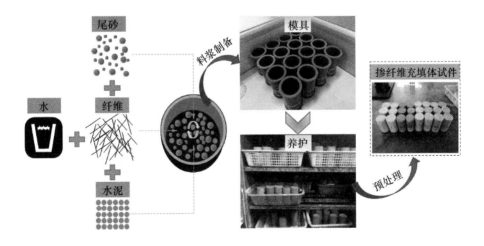

图 2-3　充填体试样制备过程

2.2.3   方案设计和加载设备

2.2.3.1   单轴抗压实验

采用 φ50mm×100mm 的圆柱体模具，按照 YS/T 3011—2012 标准，分别制备普通充填体试件（灰砂比为 1∶4 和 1∶6）和掺纤维充填体试件（灰砂比为 1∶6）。设定料浆浓度为 75%，养护龄期为 3d、7d 和 28d，纤维掺量为 0.3%、0.6% 和 0.9%，即是干尾矿和水泥总重量的百分比。根据国标 GB/T 1767—1999，对制备的 99 个 φ50mm×100mm 的胶结充填体试件进行单轴抗压强度测试实验。设备型号为 WDW-100 电子万能实验机，以 0.5mm/min 的速率连续匀速加载，如图 2-4 所示。读取各个试件的峰值强度和位移值，并获取整个加载破坏过程中的应力-应变曲线。单轴压缩实验完成后，利用数码相机记录胶结充填体的四个纵向区间面内裂纹分布状态，以便于分析其破坏模式。

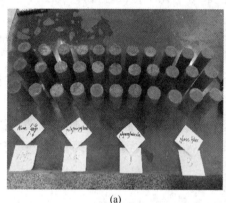

(a)   (b)

图 2-4   单轴压缩实验

(a) 充填体试件；(b) 加载设备

2.2.3.2   波速测试

采用 NM-4B 非金属超声检测分析仪的缺陷检测功能，设置参数如下：测距为 100mm，零声时为 2.8μs，发射电压为 500V。在传感器探头表面涂 1~2mm 厚的凡士林作为耦合剂，将处理完端部的 99 个 φ50mm×100mm 标准试件放置在传感器之间并压紧；待纵波波形稳定后，读取速度值并记录，如图 2-5 所示。每个试件的测读不少于三次，取其平均值为读数值。

2.2.3.3   不同尺寸抗压实验

考虑到尺寸效应研究多集中于立方体和圆柱体试件，以及矿山实际矿房、矿柱多为立方体形式存在，因此，采用立方体混凝土模具浇筑不同尺寸的充填体试件。设定料浆浓度为 75%，灰砂比为 1∶6，养护龄期 28d，选用聚丙烯纤维，纤

(a)   (b)

图 2-5　波速测试实验

（a）非金属超声检测分析仪；（b）充填体波速测试

维掺量为 0.6%。立方体模具尺寸分别为：40mm×40mm×40mm（C-40）、70.7mm×70.7mm×70.7mm（C-70.7）和 100mm×100mm×100mm（C-100），圆柱体模具尺寸为：φ50mm×100mm，纤维长度设定为 0mm、6mm、12mm 和 18mm。一共制备 16 组胶结充填体试块，分析其轴心受压载荷条件下强度变化规律，以及不同尺寸胶结充填体强度之间的转换关系。加载设备采用 WDW-100 电子万能实验机，以 0.5mm/min 的速率连续匀速加载。

2.2.3.4　三轴压缩和声发射实验

根据掺纤维充填体单轴抗压强度实验结果，得知聚丙烯纤维对抗压强度的增强效果最显著。因此，选取掺聚丙烯纤维的充填体试件进行三轴压缩实验（如图 2-6 所示），养护龄期为 28d。采用的浇筑模具为 φ50mm×100mm，设定围压为 0.2MPa、0.4MPa、0.6MPa 和 0.8MPa，先加围压到设定值，然后采用负荷控制

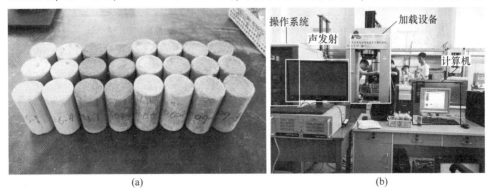

(a)   (b)

图 2-6　三轴压缩实验

（a）包裹充填试样；（b）声发射定位系统

先加压至 2kN，再转变为变形控制，移动速率为 0.02mm/min，直至试件破坏。加载设备为电液伺服的三轴试验机，型号为 TAW-2000；声发射探测仪为美国声学物理公司的生产设备，其型号为 PCI-2 声发射监测系统。

2.3 单一尺寸单轴抗压强度实验研究

2.3.1 纤维类型和掺量对充填体抗压强度的影响

表 2-3 为不同纤维类型和掺量下胶结充填体的单轴抗压强度和纵波速度的测试结果。试件编号格式为纤维类型-掺加量，其中 X、XJ 和 B 分别代指聚丙烯纤维、聚丙烯腈纤维和玻璃纤维，0.3、0.6 和 0.9 代指纤维的掺加量，即纤维占干尾矿和水泥总重量的 0.3%、0.6%、0.9%。N-1:4 和 N-1:6 分别是不含纤维且灰砂比为 1:4 和 1:6 的普通充填体，以作为掺纤维充填体组别的对照组，有利于充填材料成本核算比较和决策。由于 N-1:6 与掺纤维充填体的料浆浓度（75%）、灰砂比（1:6）等条件完全一致，因此，N-1:6 也可代指编号 X-0、XJ-0、B-0 的充填体试件。

表 2-3 胶结充填体的单轴抗压强度和纵波速度

编号	单轴抗压强度/MPa			纵波速度/km·s^{-1}		
	3d	7d	28d	3d	7d	28d
X-0.3	0.694	1.217	2.870	1.613	2.193	2.641
X-0.6	0.787	1.331	3.432	1.761	2.269	2.688
X-0.9	0.752	1.268	3.058	1.723	2.118	2.577
XJ-0.3	0.583	1.041	2.831	1.531	1.923	2.542
XJ-0.6	0.655	1.300	3.314	1.727	2.077	2.604
XJ-0.9	0.610	1.271	2.933	1.544	1.806	2.427
B-0.3	0.589	1.032	2.796	1.453	1.707	2.294
B-0.6	0.723	1.335	3.025	1.579	1.887	2.412
B-0.9	0.619	1.225	2.435	1.501	1.667	2.258
N-1:4	1.073	1.656	4.288	2.124	2.350	2.747
N-1:6	0.592	1.186	2.458	2.096	2.116	2.636

　　图 2-7 显示了添加不同纤维类型和掺量的胶结充填体的单轴抗压强度。与普通充填体 N-1∶6 相比，掺纤维尾砂充填体的单轴抗压强度较大，且随着养护龄期的延长而增大。当纤维掺量由 0.3%增加至 0.9%时，掺纤维充填体强度值呈现先增大后减小的趋势。纤维掺量的临界点为 0.6%，说明纤维掺量并非越大越好，当纤维掺量为 0.6%时，胶结充填体的内部结构大大改善。

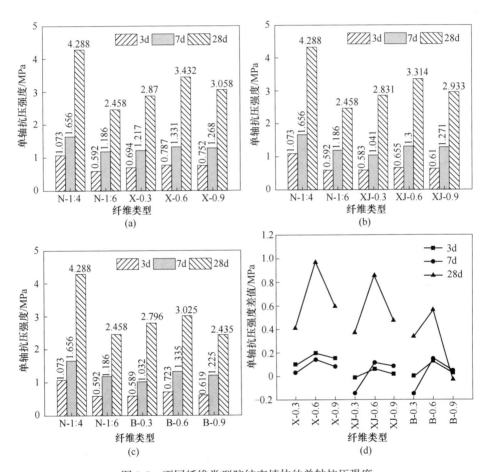

图 2-7　不同纤维类型胶结充填体的单轴抗压强度
（a）聚丙烯纤维；（b）聚丙烯腈纤维；（c）玻璃纤维；（d）与 N-1∶6 的差值图

　　为了分析不同养护龄期下纤维掺量对胶结充填体抗压强度的影响作用，将某一阶段掺纤维充填体强度值分别与普通充填体进行对比得知：掺纤维充填体的抗压强度值高于 N-1∶6，低于 N-1∶4，说明 3 种不同类型的纤维对胶结充填体均具有一定的强化效应，约束了裂缝的扩展，提高了其单轴抗压强度。其次，灰砂比依旧是胶结充填体单轴抗压强度的决定性因素，纤维类型及掺量的影响因子较小。相较于普通充填体 N-1∶4 的抗压强度值，掺纤维充填体 3d、7d 和 28d 的最高百分比为 73.3%、80.6% 和 80%。其中，掺聚丙烯纤维充填体的百分比可达 64.7% 以上，掺聚丙烯腈纤维充填体的百分比大于 54.3%，掺玻璃纤维充填体的百分比大于 54.9%。

如图 2-7（d）所示，相较于普通充填体 N-1∶6，聚丙烯纤维的增强效果最明显，聚丙烯腈次之，玻璃纤维最小。纤维在胶结充填体中呈现三维散乱分布，能否有效地发挥链接骨料和抑制裂缝的作用，取决于本身具有的良好分散性，及其与充填体基质是否形成足够的黏结力，从而避免连通孔隙的形成，从细观层次上改善胶结充填体的内部结构。采用的聚丙烯纤维属于柔性有机材料纤维，单丝直径较后两者大，且容易获得与尾砂、水泥和水的均匀分散状态，具有良好的黏合力。此外，由于实验采用普通硅酸盐水泥作为胶结材料，充填体强度发展规律受到水泥水化过程的影响，初期水化反应剧烈并逐渐减弱。其中，28d 养护龄期的充填体强度增值最大（此时水化反应基本已经结束，最高为 39.6%），3d 的强度增值次之（初期水化速度较快，最高为 32.9%），7d 的强度增值最小（最高为 12.6%）。

2.3.2　波速与单轴抗压强度的关系

根据表 2-3 中纵波速度的测试结果可知：胶结充填体的纵波速度随着养护时间的延长而增加。例如：当养护时间由 3d 增加至 28d 时，掺聚丙烯纤维充填体的纵波速度从 1.613km/s 增加到 2.641km/s，掺聚丙烯腈纤维充填体的纵波速度从 1.531km/s 增加到 2.542km/s。主要原因可以通过刚度（与弹性模量相关）和水硬性来解释。由于水化作用使得充填体的刚度随着时间而增加，水硬性黏合剂产生机械强度并提供低孔隙率和渗透性，因此增加其相应的纵波速度值。总之，胶结充填体纵波速度的趋势为先增加后减小，最佳纤维掺量为 0.6%。超过此值，添加的纤维会导致结块并产生弱表面区域，从而导致充填样品的纵波速度性能降低。

超声波速度能够反应物质内部的结构状态，是评价复合材料损伤的有效指标之一。通常情况下，纵波波速随着孔隙率的增大而减小。在本次实验过程中，普通充填体的完整性较好（孔隙率低），水泥作为胶结材料使得充填体具有良好的初始强度。根据表 2-3 可知：当养护龄期为 3d、7d 和 28d 时，编号 N-1∶4（或 N-1∶6）充填体试件的纵波速度分别为 2.124km/s、2.350km/s 和 2.747km/s（或者分别为 2.096km/s、2.116km/s 和 2.636km/s）；相同养护龄期下二者差值小于 0.3km/s。普通充填体的纵波速度变化较小，但掺纤维充填体试件的纵波速度相差却十分明显，v_{28d}/v_{3d} 最高可达 1.66 倍，且掺加玻璃纤维的充填体试件纵波速度最小。因为纤维占了标准胶结充填体试件相当比例的体积，破坏了其良好的完整性，增大了其孔隙率和不均匀性；玻璃纤维属于刚性纤维，其弹性模量较大，且分散性较差造成孔隙结构明显。

将 33 组测试数据进行分析处理，研究胶结充填体纵波速度与单轴抗压强度之间的对应关系，建立数学回归方程，如图 2-8 所示。由图 2-8 可以看出，除了个别实验结果由于试件本身或操作因素使其偏离较大，其余结果均满足要求。在 3 种回归分析结果中，指数函数的回归效果最显著，其相关系数为 0.92，复相关系数为 0.846。因此，胶结充填体的单轴抗压强度与纵波速度之间基本遵循函数 $y = 0.216 + 0.031e^{1.743x}$ 增长，即通过充填体的纵波波速越大，则相应的单轴抗压强度越高。

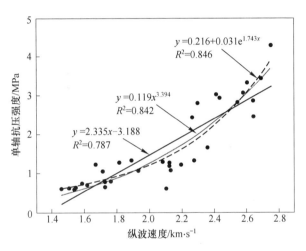

图 2-8　单轴抗压强度与纵波速度的关系曲线

2.3.3　充填体破坏模式

图 2-9 为胶结充填体应力-应变曲线的不同破坏阶段，图 2-10~图 2-12 为胶结充填体试件单轴压缩下的应力-应变曲线。根据掺纤维充填体的应力-应变曲线，将整个破坏过程划分为 4 个阶段：（1）孔隙压密阶段（OA）：由于胶结充填体内部本身具有一定的孔隙、裂隙，掺加纤维对充填体结构产生了二次影响；在初始加载条件下，内部微小的孔裂隙被压实闭合，应力-应变曲线呈下凹形。（2）线弹性阶段（AB）：本阶段掺纤维充填体与普通充填体的应力-应变曲线（A1B1）十分相似，即压应力随着应变值的增加呈线性增加趋势。但普通充填体的曲线上升斜率明显较大，并且达到破坏的阈值。（3）应变软化阶段（BC）：本阶段胶结充填体试件由弹性变形过渡到塑性变形，即阶段起始点对应为充填体试件起裂点，应力-应变曲线呈上凸形，逐渐达到峰值强度。因为纤维具有阻裂效应，掺纤维充填体结构能够有效地抑制和减少裂缝的产生，缓和裂缝尖端应力集中现

象，开裂处由纤维主要承担荷载，并将应力逐渐传递给周围未开裂的充填体，降低了裂缝尺寸的扩展程度，提高了掺纤维充填体的强度值。所以，此阶段普通充填体内部缺陷起裂比较早，掺纤维充填体的应力-应变曲线得以延长。（4）裂纹扩展阶段（CD）：本阶段存在明显的裂纹扩展和纤维相互连接的现象，胶结充填体试件转入了屈服破坏阶段。掺纤维充填体仍可抵抗较大的外部荷载，此时试件的横向变形十分明显，但几乎没有碎块脱落的现象。由此可见，该阶段纤维提供了阻止其破坏的拉应力，使得峰后应力-应变曲线变得相对平缓；但普通充填体N-1：6出现了贯穿两端面的纵向裂纹，峰后应力-应变曲线迅速下降，属于脆性破坏。

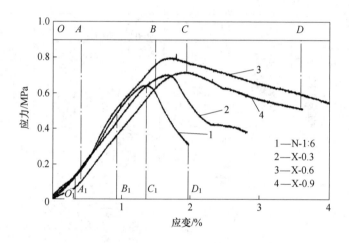

图 2-9 胶结充填体应力-应变曲线的不同破坏阶段

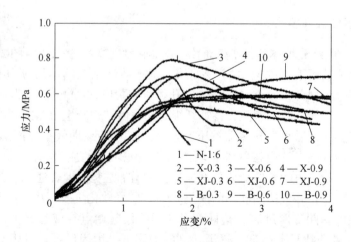

图 2-10 养护龄期 3d 时胶结充填体的应力-应变曲线

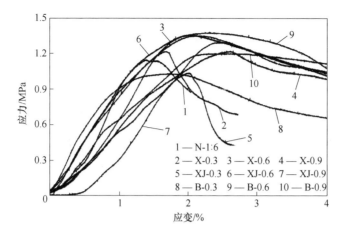

图 2-11 养护龄期 7d 时胶结充填体的应力-应变曲线

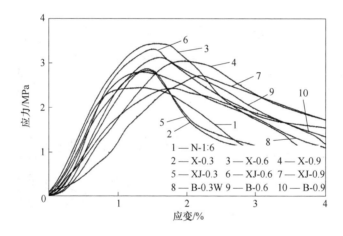

图 2-12 养护龄期 28d 时胶结充填体的应力-应变曲线

图 2-13 和图 2-14 为 28d 胶结充填体试件的破坏形式，可以得知掺纤维充填体与普通充填体的破坏形式存在很大差别。如图 2-13 所示，普通充填体以平行于加载方向的贯穿张拉破坏为主，所划分的四个区域几乎都存在一条明显的裂纹，究其原因为横向拉应力超过胶结充填体的抗拉极限所致。从图 2-9 中可以看出，在应力-应变曲线的峰值强度之后，掺加纤维增加了充填体的残余强度，即屈服应力值的增加意味着掺纤维充填体内部应力分布在破裂阶段发生变化。因此，掺纤维充填体表现出复杂的破坏模式，如图 2-14 所示。当纤维掺量为 0.3%时，掺纤维充填体与普通充填体类似，产生平行轴压缩方向的主裂纹，次生微裂纹比较少，但此纤维掺量下充填体的延性特征不明显。当纤维掺量为 0.6%时，掺纤维充填体试件表现为宏观形式的剪切破坏，此时纤维发挥了抗拉作用，加载

应力将沿着主控裂纹集中。当纤维掺量为 0.9%时，掺纤维充填体压缩前后直径和高度变化值最大，此时张拉破坏和剪切破坏形式均不明显，部分裂纹面相互贯通。以上两种纤维掺量下的充填体的破坏模式是应力-应变曲线中峰后强度缓慢下降的宏观表现。

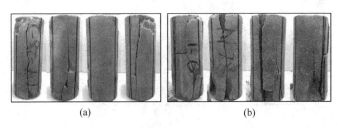

(a)   (b)

图 2-13   普通充填体的破坏形式
（a）N-1∶4；（b）N-1∶6

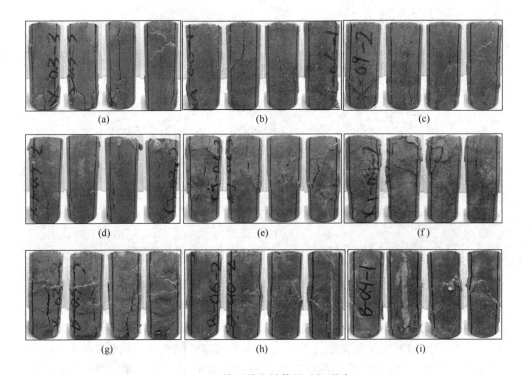

(a)   (b)   (c)

(d)   (e)   (f)

(g)   (h)   (i)

图 2-14   掺纤维充填体的破坏形式
（a）X-0.3；（b）X-0.6；（c）X-0.9；（d）XJ-0.3；（e）XJ-0.6；（f）XJ-0.9；
（g）B-0.3；（h）B-0.6；（i）B-0.9

此外，普通充填体 N-1∶4 和 N-1∶6 压缩前后的直径差值分别为 1.8mm 和 1.9mm，高度差值分别为 2.1mm 和 0.9mm。掺纤维充填体试件的直径差值最小为 2.4mm，最大为 4.9mm；其高度差值最小为 1.8mm，最大为 4.4mm，与图 2-9 中应力-应变曲线变化基本一致。由于掺纤维充填体 X-0.3 和 XJ-0.3 的破坏加载时间相对较短，使得压缩前后高度差值小于其他充填体试件。结合图 2-9 得知，与普通充填体相比，纤维不仅提高了胶结充填体的承载能力，而且使破坏形式由脆性破坏转变为韧性破坏。

2.3.4 变形特征分析

峰值强度、峰值应变、弹性模量是反应胶结充填体性能的主要力学参数，如表 2-4 所示。峰值强度即峰值荷载除以胶结充填体试件的横截面积，峰值应变即峰值荷载对应的轴向位移除以胶结充填体试件的初始高度，弹性模量即峰值荷载的 0.8 倍和 0.2 倍两点之间的割线斜率（YS/T 3011—2012）。

表 2-4 变形特征参数统计表

编号	3d			7d			28d		
	σ_p	ε_p	E	σ_p	ε_p	E	σ_p	ε_p	E
X-0.3	0.694	1.67	50.42	1.217	1.64	83.99	2.870	1.43	318.30
X-0.6	0.787	1.69	55.86	1.331	2.01	78.41	3.432	1.52	305.71
X-0.9	0.752	1.92	48.46	1.268	2.55	58.74	3.058	1.88	212.13
XJ-0.3	0.583	1.81	45.59	1.041	1.95	55.93	2.831	1.42	255.07
XJ-0.6	0.655	2.11	30.54	1.300	2.02	96.44	3.314	1.48	333.68
XJ-0.9	0.610	2.48	34.94	1.271	2.32	78.73	2.933	2.11	168.29
B-0.3	0.589	1.88	38.08	1.032	1.64	96.87	2.796	1.32	311.49
B-0.6	0.723	3.69	30.83	1.335	2.11	92.43	3.025	1.56	257.17
B-0.9	0.619	3.53	42.63	1.225	2.39	59.75	2.435	1.75	178.24
N-1:6	0.592	1.36	57.76	1.186	1.49	108.84	2.458	1.35	359.35

注：σ_p 为峰值强度，MPa；ε_p 为峰值应变，%；E 为弹性模量，MPa。

2.3.4.1 峰值强度和峰值应变的演变

图 2-15 为峰值强度和峰值应变与纤维掺量的关系曲线，能够反映胶结充填体试件在极限强度条件下的变形特征。如图 2-15（a）所示，掺纤维充填体的轴向峰值应变为 1.32%～3.69%，大于普通充填体 N-1:6（相当于纤维掺量为零的情况，养护龄期为 3d、7d 和 28d 时，峰值应变分别为 1.36%、1.49% 和 1.35%）的应变范围，提高了其受压韧性。其次，掺聚丙烯纤维充填体的峰值应变最小，掺聚丙烯腈纤维充填体的次之，掺玻璃纤维充填体的最大。由于胶结充填体具有

相同的灰砂比和料浆浓度，水泥固化反应产生的黏结强度是一定的，主要区别在于采用纤维类型的不同。针对同一种纤维，28d 胶结充填体的峰值应变最小，3d 的峰值应变最大。例如：掺聚丙烯纤维充填体的峰值应变由 3d 龄期的 1.67%、1.69% 和 1.92%，降低为 28d 龄期的 1.43%、1.52% 和 1.88%。由于充填体基体的内部结构本身具有不同的初始缺陷，例如孔隙和微裂纹，并且纤维影响充填体微结构的均匀性和连续性，从而影响其力学性能。随着纤维掺量的增加，胶结充填体的峰值强度先增加后减小（如图 2-15（b）所示），峰值应变却逐渐增大（如图 2-15（a）所示），由此可见纤维掺量对峰值强度和峰值应变的影响作用并不相同。由图 2-15 可知，掺加聚丙烯纤维对胶结充填体峰值应变的影响最小。当纤维掺量为 0%~0.9% 时，掺聚丙烯纤维和聚丙烯腈纤维充填体的最大峰值应变为 2.6%，即当充填体轴向应变达到 2.6% 时，以上两种掺纤维充填体试件均进入裂纹扩展阶段，开始逐渐失效，如图 2-9 中破坏过程的 *CD* 阶段。

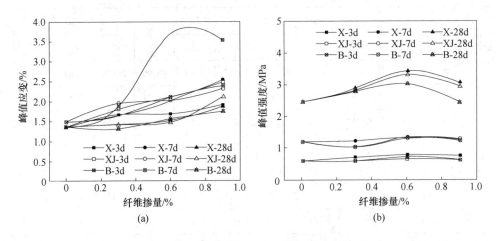

图 2-15 峰值强度和应变与纤维掺量的关系曲线
（a）峰值应变；（b）峰值强度

2.3.4.2 弹性模量

弹性模量是衡量材料发生弹性变形的重要指标之一，其值越大发生变形所需要的应力也越大，即材料的刚度越大。从图 2-16（a）~（c）可以看出，相同养护龄期的胶结充填体试件，由于掺入纤维增大了孔隙度，致使掺纤维充填体的弹性模量小于普通充填体 N-1∶6 的弹性模量，即在应力-应变曲线的峰值强度之前，掺加纤维降低了充填体的初始刚度。针对掺纤维充填体试件，随着纤维掺量的增加，其峰值强度先增大后减小（临界点为 0.6%），但弹性模量的变化规律却并不统一。其中，7d 和 28d 充填体的弹性模量随着纤维掺量的增加而减小。

将不同养护龄期胶结充填体的峰值强度和弹性模量进行回归统计分析，如图

2-16 (d) 所示。由图 2-16 (d) 可知，弹性模量与峰值强度符合线性回归方程 $y=a+bx$，相关系数为 0.923，复相关系数为 0.851。养护龄期的延长使得胶结充填体的抗压强度增大，则弹性模量相应增大，意味着胶结充填体的刚度增加而韧性减小，同时验证了破坏模式的特征。

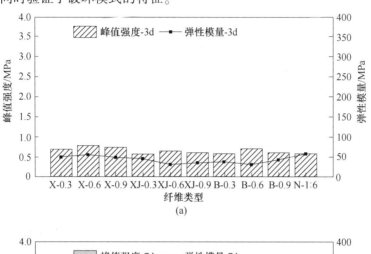

(a)

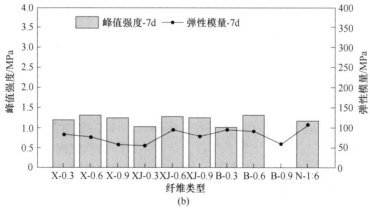

(b)

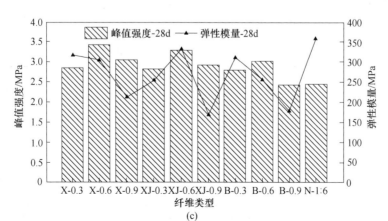

(c)

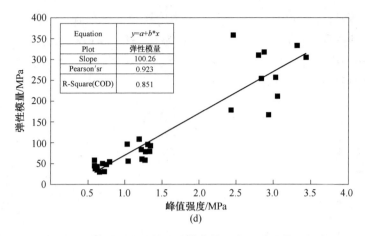

图 2-16 不同养护龄期胶结充填体峰值强度和弹性模量的关系
(a) 3d; (b) 7d; (c) 28d; (d) 回归统计分析

2.4 多尺寸充填体单轴抗压强度实验研究

表 2-5 为多尺寸掺纤维充填体的抗压强度测试结果。试件编号格式为 C-充填体尺寸-纤维长度,其中 C 为立方体缩写;ϕ50-6 代指直径为 50mm,纤维长度为 6mm 的圆柱体胶结充填体,ϕ50-0、ϕ50-12 和 ϕ50-18 依次类推。为了便于分析不同几何形状充填体力学之间的差异,实验采用的 ϕ50mm×100mm 模具内径仅为 46mm,因此,其加载的横截面积为 1661.06mm^2,与 C-40 相差仅为 3.81%;不同之处在于圆柱体试件高径比为 2 左右,立方体试件高长比仅为 1。另外,根据纤维长度的区别,将其归类为第一组(0mm)、第二组(6mm)、第三组(12mm)和第四组(18mm)。每一组试件共 12 块,采用相同搅拌时间、一次性进行浇筑和养护,降低了水泥材料性能、制作流程和养护条件对试件均匀性的影响,保证了不同组别试件之间具有可比性。

表 2-5 不同尺寸掺纤维充填体的抗压测试结果

编号	组别	纤维长度/mm	横截面积/mm²	尺寸比例		抗压强度/MPa	终点位移/mm
				边长	体积		
ϕ50-0	第一组	0	1661.06	—	2.60	1.52	2.47
C-40-0		0	1600	1	1	1.74	3.84
C-70.7-0		0	4998.49	1.77	5.52	1.47	3.99
C-100-0		0	10000	2.50	15.63	1.46	4.86

编号	组别	纤维长度/mm	横截面积/mm²	尺寸比例		抗压强度/MPa	终点位移/mm
				边长	体积		
φ50-6	第二组	6	1661.06	—	2.60	1.64	2.49
C-40-6		6	1600	1	1	1.93	4.66
C-70.7-6		6	4998.49	1.77	5.52	1.57	4.80
C-100-6		6	10000	2.50	15.63	1.52	7.02
φ50-12	第三组	12	1661.06	—	2.60	2.37	4.01
C-40-12		12	1600	1	1	2.44	4.83
C-70.7-12		12	4998.49	1.77	5.52	2.63	7.78
C-100-12		12	10000	2.50	15.63	2.41	11.54
φ50-18	第四组	18	1661.06	—	2.60	1.78	3.73
C-40-18		18	1600	1	1	2.03	5.46
C-70.7-18		18	4998.49	1.77	5.52	2.48	8.27
C-100-18		18	10000	2.50	15.63	2.57	12.49

2.4.1 不同几何形状充填体力学特性

不同几何形状充填体的抗压强度和密度关系，如图2-17所示。不同几何形状充填体的应力-应变曲线，如图2-18所示。由图2-17可以看出，当掺入纤维长

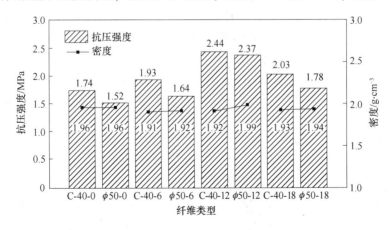

图 2-17 不同形状充填体的强度和密度关系

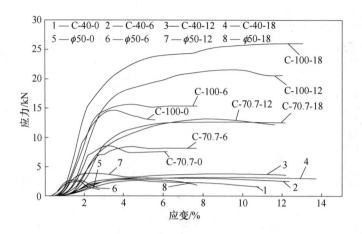

图 2-18　不同形状充填体的应力-应变曲线

度相同时，不同几何形状（立方体和圆柱体）充填体密度的差值很小，分别为 0g/cm³、0.1g/cm³、0.7g/cm³ 和 0.1g/cm³。除第三组外，试件的密度差异几乎可以忽略，说明充填体料浆搅拌均匀，没有因为充填体模具几何形状的不同而产生结构上的较大差异。与同一组别的立方体试件相比较，圆柱体试件的抗压强度值均减小，分别为试件 C-40-0、C-40-6、C-40-12 和 C-40-18 强度值的 87.36%、84.97%、97.13% 和 87.68%。

由图 2-18 得知，立方体与圆柱体试件的峰后应力-应变曲线的趋势完全不同。立方体试件的峰后应力-应变曲线下降趋势缓慢，随着掺入纤维长度的增加，其下降趋势越来越小，峰后应变值逐渐增大，说明提高纤维长度使得充填体的延性越来越好。圆柱体试件 φ50-0 和 φ50-6 的峰后应力-应变曲线急剧下降，说明试件达到峰值荷载之后迅速发生破坏，此时纤维并没有起到良好的联结作用。当纤维长度增加到 12mm 和 18mm 时，圆柱体试件的峰后应力-应变曲线呈现先平缓下降后急剧下降的趋势，依旧较立方体试件的峰后承压能力差，说明试件在生成裂纹之后依然受到外部荷载的情况下，能够维持充填体试件的相对完整性；当出现纤维被拉断、拔出，或者宏观裂缝时，则圆柱体试件的抗压承载能力突然降低。总之，几何形状为立方体的充填试件，其峰值应变和终点应变均大于圆柱体充填试件（最大应变值小于 8%，其中 φ50-0 和 φ50-6 的应变值小于 2.5%），因为几何形状之间的差异使得应力分布不同。

通常影响立方体和圆柱体这两类试件的主要因素包括高径比、环箍效应、强度值等。由于制备的立方体和圆柱体充填试件，其受压的横截面积相差仅为 3.81%，试件高度和几何形状的不同则成为二者力学特性差异的主要原因。立方体 C-40 试件的高长比为 1，圆柱体 φ50 试件的高径比为 2，说明立方体试件的高度值较小。在单轴压缩实验的过程中，立方体试件本应当处于一维应力状态，但由于充填体试件与刚性垫板之间存在摩擦效应，使得试件端部在横向变形上的约束作用最大，试件中间部分的约束作用最小。圆柱体试件的端部摩擦效应较小，且中间部分属于一维应力状态。由此可知，立方体和圆柱体试件的高度差异使得中间部分的应力分布区域存在很大差别，同时较小的横截面积使得立方体试件端部环箍效应产生的约束力偏大。因此，立方体 C-40 试件的抗压强度值大于圆柱体 $\phi50$ 试件。

此外，由于掺入纤维长度的不同，充填体试件破坏形态的差异很大，如图 2-19 所示。充填体 C-40-0 的破坏形式为上下受压端面基本完好而中间细的锥形破坏，如图 2-19（a）所示。试件 $\phi50$-0 存在若干联结的剪切面，如图 2-19（c）所示。试件 C-70.7-0 和 C-100-0 加载时高度缩短，因为没有纤维抑制充填体的横向扩张，裂纹由侧面向内部发展，破坏形式如图 2-19（e）、（g）所示，存在许多充填体碎块和细粉末。上述四类试件的破坏形式与图 2-18 中的应力-应变曲线反映一致，揭示了峰后曲线变化规律的缘由。

(a)

(b)

(c)

(d)

(e)

(f)

图 2-19 不同尺寸充填体试件的破坏形态

（a），（b）C-40；（c），（d）φ50；（e），（f）C-70.7；（g），（h）C-100

观察图 2-19 可知，除了上述四类试件以外，其他试件均未出现充填体片状脱落现象，且纤维长度越长试件的完整性越好。将试件 C-40-6 与 C-40-12 和 C-40-18 的破坏形式进行对比，其他组别依次类推。其中，当纤维长度为 6mm 时未能很好地发挥阻裂作用，当纤维长度为 12mm 时充填体的完整性得到了明显的改善，进而验证了图 2-20 充填体抗压强度与纤维长度的关系。

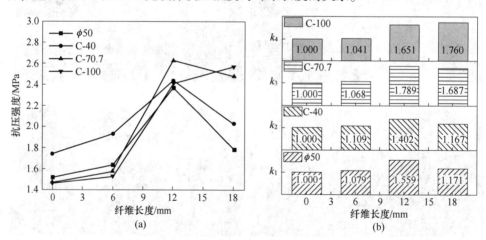

图 2-20 充填体抗压强度与纤维长度的关系

（a）抗压强度；（b）强度增长因子

2.4.2 不同纤维长度对充填体的影响作用

图 2-20 为充填体抗压强度与纤维长度的关系。由图 2-20（a）可以看出，当充填体尺寸为 φ50、C-40 和 C-70.7 时，其抗压强度值随着纤维长度的增加呈现先增大后减小的规律；说明以上 3 种尺寸充填体的纤维长度最优值为 12mm，纤

维长度越长并不一定导致抗压强度越高。当充填体尺寸为 C-100 时，纤维长度从 0mm 增加到 18mm，其抗压强度值逐渐增大，说明尺寸为 C-100 充填体的纤维长度最优值为 18mm。因为纤维增强了充填体颗粒之间的相互作用，提高了其峰值承载能力。但充填体尺寸一定时，纤维长度越长越容易产生团簇现象，形成纤维与充填体基体之间的薄弱结构面，导致抗压强度降低。

为了定量化分析纤维长度对充填体抗压强度值的影响作用，将纤维长度为 0mm 时各个尺寸充填体的强度值定义为 1，设定 k_1、k_2、k_3 和 k_4 分别是尺寸为 ϕ50、C-40、C-70.7 和 C-100 充填体的强度增长因子，分别求取纤维长度为 6mm、12mm 和 18mm 时充填体强度与纤维长度为 0mm 时充填体强度之间的比值。由图 2-20（b）可知，试件 ϕ50-6、ϕ50-12 和 ϕ50-18 的强度增长因子 k_1 分别是 1.079、1.559 和 1.171，试件 C-40-6、C-40-12 和 C-40-18 的强度增长因子 k_2 分别为 1.109、1.402 和 1.167，试件 C-70.7-6、C-70.7-12 和 C-70.7-18 的强度增长因子 k_3 分别为 1.068、1.789 和 1.687，试件 C-100-6、C-100-12 和 C-100-18 的强度增长因子 k_4 分别为 1.041、1.651 和 1.760。综上所述，在不考虑尺寸效应的条件下，当纤维长度由 6mm 增加到 12mm 时，四种不同尺寸充填体的抗压强度值提高幅度均最大。由于纤维长度的变化，充填体抗压强度值最小提高 4.1%，最大提高 78.9%，可见纤维长度和充填体强度之间存在相互依赖关系。

2.4.3　尺寸大小和纤维长度的耦合作用

设定试件 C-40 的体积比例为 1，则 ϕ50、C-70.7 和 C-100 的体积比例依次为 2.6、5.52 和 15.63。绘制掺纤维充填体尺寸比例与抗压强度的关系，如图 2-21 所示。掺纤维充填体在尺寸大小和纤维长度的耦合作用下，各组试件的单轴抗压

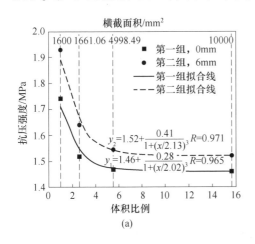
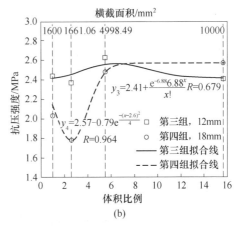

图 2-21　充填体的尺寸比例与抗压强度的关系

（a）0mm 和 6mm；（b）12mm 和 18mm

强度（UCS）和比重值（SG）统计如表 2-6 所示。以上两个因素的耦合作用既可以提高单轴抗压强度，也可以降低单轴抗压强度。绘制尺寸大小和纤维长度的耦合作用响应曲线，如图 2-22 所示。

表 2-6　不同尺寸掺纤维充填体的单轴抗压强度和比重统计表

纤维长度	0mm		6mm		12mm		18mm		平均值	
	SG /g·cm⁻³	UCS /MPa	SG /g·cm⁻³	UCS /MPa	SG /g·cm⁻³	UCS /MPa	SG /g·cm⁻³	UCS /MPa	SG /g·cm⁻³	UCS /MPa
ϕ50	1.96	1.52	1.92	1.64	1.99	2.37	1.94	1.78	1.95	1.83
C-40	1.97	1.74	1.91	1.93	1.95	2.44	1.94	2.03	1.94	2.04
C-70.7	1.99	1.47	1.96	1.57	2.00	2.63	1.99	2.48	1.99	2.04
C-100	1.96	1.46	1.92	1.52	1.92	2.41	1.93	2.57	1.93	1.99
平均值	1.97	1.55	1.93	1.67	1.97	2.46	1.95	2.22	—	—

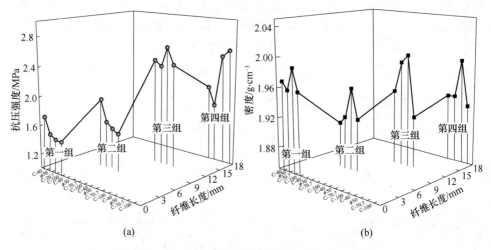

图 2-22　尺寸大小和纤维长度耦合作用的响应曲线
(a) 抗压强度；(b) 密度

从图 2-21（a）可以看出，随着体积比例的增大，第一组和第二组充填体的抗压强度逐渐减小，符合一般的尺寸效应规律。说明纤维长度为 0mm 和 6mm 时，尺寸效应对两个因素耦合作用响应曲线的影响显著（如图 2-22（a）所示）。若设定体积比例为 5.52~15.63，则第一组和第二组充填体的抗压强度值分别降低 0.1MPa 和 0.05MPa，几乎可忽略不计。当尺寸为 C-40、ϕ50、C-70.7 和 C-100 时，第一组充填体的抗压强度与体积比例的关系符合 Logistic 函数：$y_1 = 1.46 + \dfrac{0.28}{1+(x/2.02)^3}$，相关系数 $R = 0.965$。第二组不同尺寸充填体的抗压强度与体积比例的关系符合 Logistic 函数 $y_2 = 1.52 + \dfrac{0.41}{1 + (x/2.13)^3}$，相关系数 $R = 0.971$。由此说明获得的第一组和第二组拟合线与实验数据结果具有良好的相关性，能够反映以上两组充填体试件的尺寸效应特征。

从图 2-21（b）可以看出，第三组充填体的抗压强度随着尺寸比例的增加呈现先减小后增大再减小，最优的尺寸大小为 C-70.7，其拟合线遵循 Poission 函数关系：$y_3 = 2.41 + \dfrac{e^{-6.88}6.88^x}{x!}$，相关系数为 0.679。第四组充填体的抗压强度随着尺寸比例的增加呈现先减小后增大的趋势，符合 GaussAmp 函数关系：$y_4 = 2.57 - 0.79e^{\frac{-(x-2.6)^2}{4}}$，相关系数为 0.964。即第四组最优的充填体尺寸为 C-100。说明纤维长度为 12mm 和 18mm 时，纤维长度则成为影响两个因素耦合作用响应曲线的关键（如图 2-22（a）所示）。此外，无论掺入的纤维长度值为多少，立方体充填 C-40 试件的抗压强度均大于圆柱体 ϕ50，因为圆柱体 ϕ50 与 C-40 之间的体积比例为 2.6，说明此时尺寸效应是决定两种不同几何形状充填体强度的关键因素。

由图 2-22（b）可知：第一组掺纤维充填体试件的密度值高于其他三组，说明掺入纤维影响了充填体本身的内部结构，密实性相对减小。其次，随着掺纤维充填体尺寸的增加，各组试件的密度值基本遵循先增大后减小的趋势。转折点尺寸大小为 C-70.7，即该尺寸条件下充填体的比重值最大，复合材料的孔隙率最低。在相同浇筑振动条件下，尺寸 C-40、ϕ50、C-70.7 和 C-100 试件的平均比重值分别为 1.94g/cm³、1.95g/cm³、1.99g/cm³ 和 1.93g/cm³。由此可知，尺寸大小在一定程度上限制了长纤维在充填体中的均匀分布，长纤维的掺入也使得混合物的孔隙率相对增大；但尺寸 C-100 试件的比重值最小，与充填体的最终振实密实程度有关，因为其单个试件重量约为 C-40 的 15 倍。与图 2-22（a）对比发现，在尺寸大小和纤维长度的耦合作用下，尽管第一组试件的比重值最大，但其抗压强度值最小，说明掺纤维充填体的抗压强度值与比重之间不存在正相关的线性关系。

2.5　三轴抗压强度实验及声发射特性研究

2.5.1　加载实验强度结果

掺纤维充填体的三轴抗压实验结果如表 2-7 所示，编号格式中 1、2、3 和 4 代指围压 0.2MPa、0.4MPa、0.6MPa 和 0.8MPa。根据获得的应力-应变曲线可知：围压的增大对充填体力学特性的影响明显。

表 2-7 掺纤维充填体的三轴抗压结果

编号	破坏荷载 /kN	轴向应力 /MPa	残余应力 /MPa	编号	破坏荷载 /kN	轴向应力 /MPa	残余应力 /MPa
N-1：6-1	8.822	4.495	3.098	X-0.6-1	9.612	4.898	4.375
N-1：6-2	12.454	6.346	4.759	X-0.6-2	10.566	5.384	5.144
N-1：6-3	13.439	6.848	5.962	X-0.6-3	14.634	7.457	6.972
N-1：6-4	16.387	8.350	7.597	X-0.6-4	15.366	7.829	7.592
X-0.3-1	9.47	4.825	3.771	X-0.9-1	9.226	4.701	—
X-0.3-2	10.528	5.365	4.638	X-0.9-2	10.600	5.401	—
X-0.3-3	13.604	6.932	5.572	X-0.9-3	13.072	6.661	6.485
X-0.3-4	15.519	7.908	7.645	X-0.9-4	13.911	7.008	6.904

（1）当围压设定为 0.2MPa 和 0.4MPa 时，普通充填体 N-1：6 的脆性特征显著，即存在明显的峰值应力点，随着轴向应力的增大，峰后微小的变形使得充填体峰后出现剧烈的卸压趋势。当围压设定为 0.6MPa 和 0.8MPa 时，充填体 N-1：6 的峰后承载能力提高，无明显应变软化阶段，逐步承压达到屈服直至进入塑性变形。

（2）掺加纤维提高了充填体的韧性特征。例如：充填体 X-0.6 的峰值应变基本为 N-1：6 峰值应变的两倍，意味着掺加纤维缩短了线弹性变形阶段，降低了充填体的弹性模量。当围压为 0.8MPa 时，充填体 N-1：6 和 X-0.6 的最终压缩高度为 82mm 和 69mm，相差 13mm，且 X-0.6 的完整性良好。

（3）采用围压效应系数（$K = \sigma_1 - \sigma_{单}/\sigma_3$）评价围压对充填体三轴受力状态的影响作用，得知随着围压的增加，围压效应系数逐渐降低，但普通充填体 N-1：6 的围压效应系数高于掺纤维充填体的值，由此说明围压对普通充填体峰值强度的强化效应更显著。

分别绘制充填体试件峰值强度与围压的关系曲线，并采用抗剪强度包络线进行验证，如图 2-23 和图 2-24 所示。结合表 2-7 可知：随着围压的逐渐增大，掺纤维充填体的峰值强度逐渐增大，且峰值强度与围压之间呈现良好的线性关系，其拟合线的相关系数均大于 90%。

2.5.2 充填体损伤破裂的分形特征

总的来说，随着围压的增大，峰值应力与残余应力之间差值越来越小。当纤维掺量小于 0.6% 时，试样的破坏形式由初期的共轭剪切破坏过渡为剪切破坏

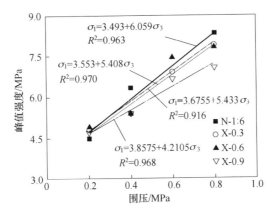

图 2-23 峰值强度和围压的关系曲线图

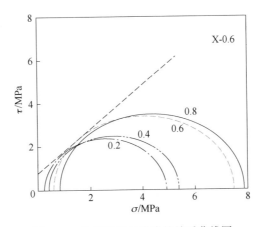

图 2-24 抗剪强度包络线的关系曲线图

（断裂面逐渐平滑），即主要破裂面的倾角逐渐增大，且横向变形增大。然而，当纤维掺量为 0.6% 和 0.9% 时，试样的主要破裂面倾角逐渐减小，说明纤维抑制了充填体的横向变形。图 2-25 为相同围压下不同纤维掺量充填体试样压缩破坏后的素描平展形态，充填体 N-1：6 形成了贯通的剪切主裂纹，且界面清晰宽度较大；充填体 X-0.3 的破坏形式仍以剪切破坏为主，但主裂纹未贯通且微裂纹增多；充填体 X-0.9 的破坏形式为横向的拉伸破坏。引入分形维数定量表征试样表面裂纹的分布及损伤程度。二维图像分形维数是将原图划分为边长为 r 的矩形目标集合，其计算公式为：

$$D_s = \lg N_r / \lg r$$

式中，D_s 为二维分形维数；N_r 为矩形盒子的最小数目；r 为盒子的边长尺寸。

采用最小二乘法获得 $\lg N_r$ 和 $\lg r$ 的最佳拟合结果，由于拟合指数均高于 98%，说明分形理论对掺纤维充填体具有适用性。充填体 N-1：6、X-0.3、X-0.6

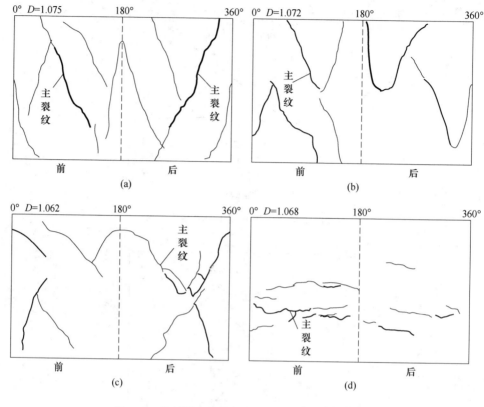

图 2-25 掺纤维充填体三轴压缩破坏后素描平展图

（a）N-1:6；（b）X-0.3；（c）X-0.6；（d）X-0.9

和 X-0.9 的分形维数分别为 1.075、1.072、1.062 和 1.068，结果发现随着纤维掺量的增加，充填体的分形维数逐渐减小，即破损程度减弱。其中，充填体 X-0.6 的分形维数最低，微裂隙发育趋于稳定，充填体的力学性能得以改善。同理得知随着围压的增大，充填体的分形维数降低，说明围压能够抑制充填体内部裂纹的扩展。

2.5.3 声发射参数时序演化规律

充填体损伤演化过程伴随着能量的释放，声发射振铃计数体现了声发射信号的活动频度和数量，揭示着不同破坏阶段的损伤程度；振幅大小则意味着振铃信号的强弱。绘制掺纤维充填体试样三轴压缩的应力-时间-声发射参数的关系曲线，如图 2-26 所示。根据声发射计数（累计计数）、振幅和能量随时间推移呈现出的变化规律，将各个试样的压缩过程分为四个阶段：压密阶段、平静阶段、密集阶段和活跃阶段，各个阶段声发射特征参数统计如表 2-8 所示。

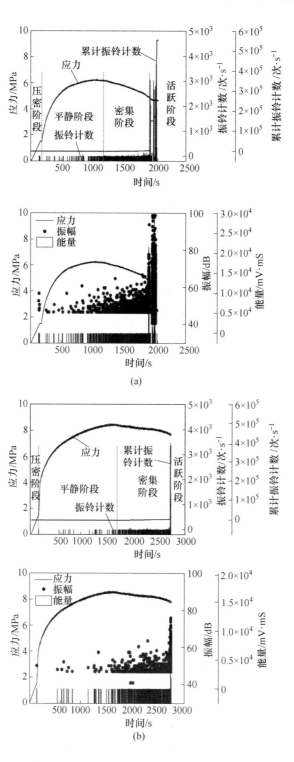

(a)

(b)

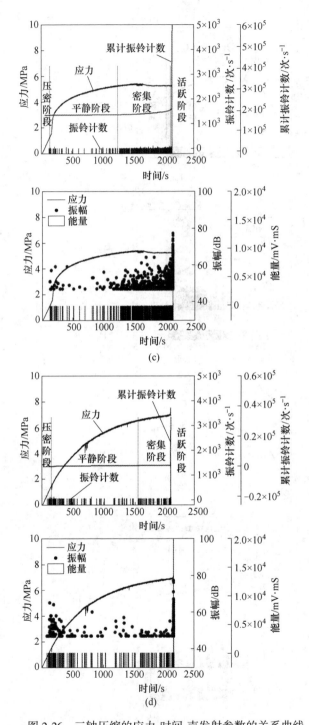

图 2-26 三轴压缩的应力-时间-声发射参数的关系曲线

（a）N-1∶6-2/0.4MPa；（b）N-1∶6-4/0.8MPa；（c）X-0.6-2/0.4MPa；（d）X-0.6-3/0.6MPa

表 2-8 声发射振铃计数、时间统计表

编号	阶段 I		阶段 II		阶段 III		阶段 IV	
	t_1	C_1	t_2	C_2	t_3	C_3	t_4	C_4
N-1∶6-2	175.4	40	1173.4	231	1917.2	6447	2053.4	550999
N-1∶6-3	162.7	77	1504.3	330	2244.8	3020	2259.5	96973
N-1∶6-4	152.5	9	1697.2	106	2723.2	3146	2731.8	123159
X-0.6-2	151.6	54	1264.6	263	2128.4	6360	2133.41	52182
X-0.6-3	157.7	149	1583.7	474	2119.3	252	2123.9	31275
X-0.9-3	155.5	117	1589.8	315	2071.2	394	2086.9	50626

注：t_1、t_2、t_3、t_4 为各个划分阶段的结束时间，s；
　　C_1、C_2、C_3、C_4 为各个划分阶段累计的振铃计数，次。

（1）压密阶段（阶段 I）：设定控制方式由负荷转为变形的转折点为压密阶段的结束点。由于试样加载初期采用的为负荷控制方式，因此，应力-时间曲线区别于普通的初期压密阶段（内部裂纹与孔隙的闭合），曲线表现为线性增长趋势。其中，内部孔隙的多少和围压的大小影响着压密阶段时间的长短，但由于试样制备过程严格控制差异，使得压密阶段的时间约为整个加载过程的 7%～8%。该阶段控制方式的改变意味着对充填体施加不同的加载速率，使得转折点释放了部分弹性波，尽管声发射振铃计数呈零星分布，且对应信号的振幅基本低于60dB，但声发射振铃计数存在局部凸显现象。

（2）平静阶段（阶段 II）：该阶段掺纤维充填体应力-时间曲线的平滑程度低于普通充填体 N-1∶6，存在个别的应力跳跃点，因为掺加纤维改变了充填体结构的各向异性，且内部材料的均匀性影响着受力分布的均匀性，即局部承载能力低的材料使得强度瞬间降低。同时，平静阶段的声发射振铃计数表现为散乱不规则分布，且振幅处于低水平波动，累计振铃计数曲线接近于平线。然而，由于试样内部裂纹萌生-起裂的发展过程特性，使得平静阶段持续的时间较长且占比最高。当围压设定为 0.4MPa、0.6MPa 和 0.8MPa 时，充填体 N-1∶6 的平静阶段分别持续了 998s、1341.6s 和 1544.7s；当纤维掺量为 0.6% 时，充填体 N-1∶6、X-0.6 和 X-0.9 的平静阶段分别持续了 1341.6s、1426s 和 1434.3s；由此可见，提高围压设定值和纤维掺量均能抑制裂纹的萌生。

（3）密集阶段（阶段 III）：该阶段声发射振铃计数分布密集，声发射能量逐步累积，充填体试样内部裂纹进一步扩展，呈现稳定发展趋势。密集阶段的持续时间仅次于平静阶段，可见该阶段对整个损伤演变过程中具有重要地位。

（4）活跃阶段（阶段 IV）：活跃阶段的内部裂纹迅速扩展演化，使得声发射

振铃计数-时间曲线呈现爆发式增长，声发射信号的幅值-时间和能量-时间的分布急剧密集、有效值突增，说明幅值和能量二者之间存在正相关关系，意味着大事件的发生，很快导致试样失稳破坏，该阶段的持续时间最短。例如：充填体 N-1∶6-2 的失稳阶段仅维持了 136.2s，但累计振铃达到 5.6×10⁵ 次。此外，普通充填体 N-1∶6 试样伴随着宏观裂纹的扩展失去了承载能力，实验后拆去热缩膜则试样破碎；掺纤维充填体则是由于个别变形超出了引申计测试范围，而且其平静阶段和密集阶段的划分界限并不明显，且两阶段的累计能量低于普通充填体的密集阶段能量值。

2.6　本章小结

本章初步选定纤维种类和纤维掺量，制备胶结充填体试件并进行单轴压缩、三轴压缩和不同尺寸抗压实验，以及三轴压缩过程中的声发射实验，得到以下有益结论：

（1）当纤维掺量由 0.3% 增加至 0.9% 时，掺纤维充填体单轴抗压强度呈现先增大后减小的趋势（临界点为 0.6%）；相较于普通充填体 N-1∶6，掺纤维充填体强度值均有所提高。聚丙烯纤维的增强效果最明显，聚丙烯腈次之，玻璃纤维最小。

（2）掺加纤维减弱了胶结充填体试件的初始刚度，但提高了其屈服强度值，且峰后的延性特征与纤维掺量呈正相关。此外，掺纤维充填体的破坏形式呈现"裂而不碎"的特征，将掺纤维充填体单轴抗压的整个破坏过程划分为孔隙压密阶段、线弹性阶段、应变软化阶段和裂纹扩展阶段 4 个阶段。

（3）相较于普通充填体，掺纤维充填体的波速变化值较大，说明掺加纤维增大了胶结充填体试件的不均匀性和孔隙率。胶结充填体的单轴抗压强度与纵波速度符合指数函数关系 $y=0.070e^{1.432x}$，复相关系数为 0.829。

（4）立方体充填试件的峰值应变和终点应变均大于圆柱体充填试件。当纤维长度相同时，试件 C-40 的抗压强度值高于圆柱体 φ50，尺寸效应、几何形状是二者力学差异的主要原因。第一组和第二组充填试件符合一般的尺寸效应规律，其拟合线均遵循 Logistic 函数；第三组和第四组充填试件的尺寸效应并不明显，此时纤维长度成为影响两因素耦合作用响应曲线的关键。

（5）分形理论对掺纤维充填体破裂特征具有适用性，充填体 N-1∶6、X-0.3、X-0.6 和 X-0.9 的分形维数分别为 1.075、1.072、1.062 和 1.068。

（6）充填体三轴压缩过程振铃计数-时间和能量-时间主要表现为压密阶段、平静阶段、密集阶段和活跃阶段 4 个阶段。

3 掺纤维尾砂充填体抗拉特性实验研究

3.1 引　言

众所周知，传统水泥基复合材料属于准脆性破坏。为了确保混凝土结构的安全性、经济性和服役寿命，降低由于干燥收缩、内部缺陷和受拉情况引起的起裂和多条细密裂纹扩展的特征，提高后续承载能力，采用掺入纤维在改善工程构件的抗裂性和韧性等方面已取得了良好的效果，实现了水泥基材料应力-裂纹宽度关系的强化，提高了材料宏观力学性能，使其发生屈服变形，有效阻止了早期开裂现象。

其中，抗弯强度可用于构件抗裂性能的评价和开裂后的变形分析。研究人员发现，弯曲变形特征依赖于宏观和微观结构水平的混合强度特性，例如：胶结剂性质、水灰比、纤维类型和含量等。因此，必须合理选取纤维、胶凝材料和水灰比等。弯曲实验结果能够反映复合材料的应力-裂纹之间的关系。借鉴当前纤维混凝土韧性性能的测定方法，主要包括四点弯曲试验和三点弯曲试验，其操作简单可行。

3.2　掺纤维尾砂充填体劈裂抗拉特性

劈裂抗拉强度是水泥-尾矿基复合材料的重要力学参数之一，可以评估复合材料的开裂潜力。实验方案与第 2 章中单轴抗压强度实验相同，养护龄期为 56d，其中掺加玻璃纤维的充填体试件未进行劈裂实验。制备的试件尺寸为 $\phi50\text{mm}\times 30\text{mm}$，符合高径比 $0.5\sim1.0$ 的标准要求。劈裂实验采用 10kN 微机控制电子式万能实验机，将试件置于承压板中心并调整球座，使得载荷通过试件直径的两端均匀作用；以 0.25mm/min 的速度连续加载，直至试件破坏，如图 3-1 所示。

3.2.1　圆盘劈裂损伤阶段划分

胶结充填体劈裂试件的荷载-加载点位移曲线如图 3-2 所示。在整个加载破坏过程中，充填体试件的荷载都有两次峰值现象，究其原因劈裂拉伸结果受加垫条与否、垫条尺寸、加载速率等因素影响，本次实验没有采用垫条约束，是上下压板与充填体试件标识点直接接触，记录为荷载-加载点位移。根据图 3-2 将荷载-加载点位移曲线划分为 3 个阶段：OA（$O'A'$）阶段，该阶段类似于单轴压缩曲线的孔隙压密阶段和线弹性阶段，表现为初始孔裂隙的闭合，以及荷载随着加载

 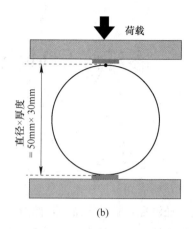

图 3-1 劈裂加载实验

（a）充填体试件；（b）加载设备

点位移的增加呈现线性增加趋势。AB（$A'B'$）阶段，当达到第一次峰值荷载时，试件开始出现裂痕，之后荷载曲线陡然下降；BC（$B'C'$）阶段，该阶段充填体试件仍具备一定的残余强度，随着荷载的持续施加，裂纹逐步扩展直至贯通。

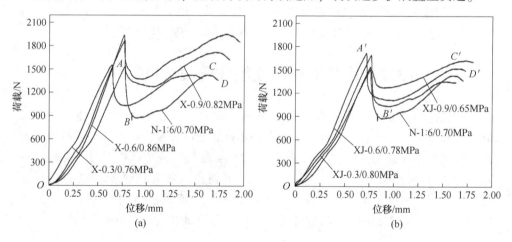

图 3-2 劈裂试件的荷载-加载点位移曲线

（a）掺聚丙烯纤维；（b）掺聚丙烯腈纤维

3.2.2 劈裂荷载下的裂纹扩展

图 3-3 为劈裂试件破坏的裂纹扩展过程。例如：图 3-3（a）为图 3-2（a）中荷载-加载点位移曲线达到起始点、A、B、C 和 D 点时 N-1∶6 劈裂试件的破坏形态，其余的为各个试件相对应时间节点的破坏形态图。观察图 3-3 可以看出，裂

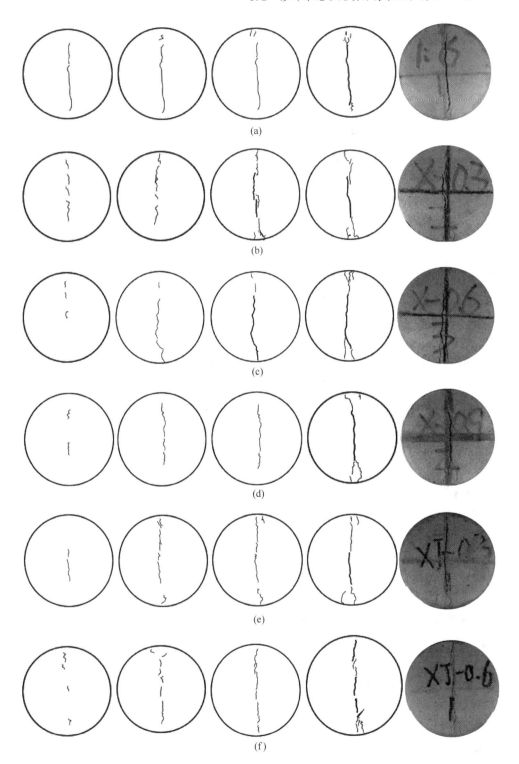

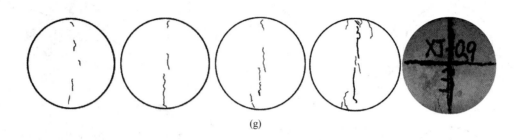

(g)

图 3-3 典型劈裂试件的裂纹扩展

(a) N-1∶6; (b) X-0.3; (c) X-0.6; (d) X-0.9; (e) XJ-0.3; (f) XJ-0.6; (g) XJ-0.9

纹起始区域由截面直径中心部位向周围延伸，随着纤维掺量的增加，典型劈裂试件最终的裂缝宽度逐渐缩小，有效抑制了主裂纹的进一步扩展，但同时也产生了许多微细裂纹。由此可见，裂纹扩展是影响劈裂抗拉强度的重要因素，抗拉强度对破裂程度具有主导作用，图 3-3 与图 3-2 中实验结果反映一致。与普通充填体 N-1∶6 相比较，掺纤维充填体的裂纹起始时间相对延迟，且充填体的完整性得到改善。

由图 3-2 （a） 和图 3-3 （a） 可知，当外部荷载施加至 B 点，充填体 N-1∶6 的荷载-加载点位移曲线突然出现尖端下降现象。因为此时电子式万能实验机自动识别为已经破坏，即 N-1∶6 充填体的完整性结构遭到破坏，沿着加载直径方向劈裂为两个半圆，且主裂纹形态比较规则，尺寸相对较小；当加载至 C 点，N-1∶6 充填体表现为宏观裂纹，在上下端部附近出现了次生裂纹。

由图 3-2 （b） 和图 3-3 （f） 可知，掺纤维充填体与 N-1∶6 不同之处在于，整个荷载-加载点位移曲线过渡比较平滑，没有出现自动识别为破坏的现象；当加载至 B' 点时，在主裂纹周围伴生着许多次生裂纹，因为纤维使得拉伸应力重新分布，由截面直径中心部位向周围延伸，进而产生了多个短裂纹；当加载至 C' 点时，XJ-0.6 充填体试件依然具有良好的完整性，没有碎块散落现象，在主裂纹缝隙间可以看到衔接的纤维，说明掺纤维充填体具有良好的韧性。

由图 3-2 得知，充填体 N-1∶6 的劈裂抗拉强度为 0.7MPa，掺聚丙烯纤维充填体的劈裂抗拉强度分别为 0.76MPa、0.86MPa 和 0.82MPa；掺聚丙烯腈纤维充填体的劈裂抗拉强度则为 0.8MPa、0.78MPa 和 0.65MPa。说明掺加纤维提高了胶结充填体的抗拉强度，最大增加百分比为 22.86%。此外，掺纤维充填体试件在 OA （$O'A'$） 阶段曲线斜率增大，在 AB （$A'B'$） 阶段荷载值下降幅度减小，在 BC （$B'C'$） 阶段第二次峰值荷载增大，说明纤维改善了胶结充填体的结构特性，提高了其压缩性能；在第一次峰值荷载后即开始发挥力学作用，纤维掺量越高抑制宏观裂纹传播与发展的作用越强。

3.3 掺纤维尾砂充填体抗弯探索性实验

3.3.1 实验方案设计

（1）探索性实验方案。实验方案与第 2 章中单轴抗压强度实验相同，养护龄期为 56d。

（2）正交优化实验方案。根据前期实验数据分析结果得知，纤维对胶结充填体的抗弯性能影响效果较为显著。考虑到目前关于掺纤维充填体的研究尚少，且纤维种类、纤维掺量、料浆浓度、灰砂比和养护龄期均为影响胶结充填体强度的重要因素。为了系统性地探索掺纤维充填体的抗弯性能，同时相对性地减小实验工作量，采用 4 因素 4 水平的正交实验设计方案，具体的实验方案设计参数如表 3-1 所示。其中，聚乙烯醇纤维（PVA）为新购买的一类纤维，外观为微黄色，抗碱性强。其长度为 12mm，密度 1.2g/cm³，抗拉强度为 650MPa，杨氏模量为 3.8GPa，截面形状为圆形，伸长率为 17%，分散性良好，呈现单丝状态。

表 3-1 正交实验设计参数

纤维类型	纤维掺量/%	浓度/%	灰砂比	养护期/d
玻璃	0.2	65	1∶4	
聚丙烯	0.4	68	1∶6	7
聚丙烯腈	0.6	70	1∶8	
聚乙烯醇	0.8	75	1∶10	

（3）加载设备及过程。试件尺寸为 40mm×40mm×160mm，跨高比为 2.5，有效跨距 100mm。三点弯曲实验采用 10kN 微机控制电子式万能实验机，加载方式如图 3-4 所示，采用位移控制，加载速率为 0.1mm/min，将加载点的净位移作为试件挠度变形值。为捕捉试件加载过程中的破坏特征，当荷载分别达到 0N、300N、600N、峰值和屈服（起始点、500s 和终点）时，借助数码相机进行拍摄照片。

3.3.2 荷载-挠度（时间）曲线

表 3-2 为胶结充填体的抗弯性能参数统计结果。根据表 3-2 可知：（1）普通充填体 N-1∶4 和 N-1∶6 的抗弯强度、峰值挠度分别为 2.84MPa、0.693mm，2.17MPa、0.533mm；其抗弯残余强度为零。（2）掺纤维充填体的抗弯残余强度最小值为 0.29MPa，最大为 0.78MPa，其残余百分比分别为 13.36% 和 35.94%，

(a)   (b)

图 3-4   弯曲加载实验

（a）充填体试件；（b）加载设备

由此可见，掺加纤维能够有效地改善充填体的抗弯性能。（3）与充填体 N-1∶6 的峰值挠度相比，掺聚丙烯纤维充填体的挠度值偏小，掺聚丙烯腈和玻璃纤维充填体的挠度值偏大，但较大的峰值挠度并不意味着较高的抗弯强度，说明掺加不同类型的纤维影响了胶结充填体本身的弯曲刚度和整体结构。（4）掺纤维充填体具有较大的峰后变形（加载挠度-峰值挠度），说明峰后弯曲行为进入了塑性变形阶段。

表 3-2   胶结充填体的抗弯性能参数统计（探索性实验）

编号	抗弯强度/MPa	抗弯残余强度/MPa	残余比例/%	峰值挠度/mm	峰值时间/s	加载挠度/mm
X-0.3	1.80	0.37	17.05	0.436	261.3	0.92
X-0.6	2.30	0.41	18.89	0.476	285.6	0.94
X-0.9	1.85	0.78	35.94	0.518	310.3	0.98
XJ-0.3	2.15	0.29	13.36	0.525	314.5	0.99
XJ-0.6	2.17	0.64	29.49	0.647	387.3	1.13
XJ-0.9	1.72	0.61	28.11	0.653	390.4	1.46
B-0.3	1.70	0.29	13.36	0.552	330.1	1.73
B-0.6	1.45	0.54	24.88	0.561	335.7	1.96
B-0.9	1.39	0.65	29.95	0.668	399.2	2.25
N-1∶4	2.84	0	—	0.693	414.6	—
N-1∶6	2.17	0	—	0.533	319.7	—

注：抗弯残余强度：当加载时间为 500s 时的抗弯强度值，MPa；残余比例：即抗弯残余强度除以充填体 N-1∶6 抗弯强度的百分比，%；峰值挠度：当外部荷载达到峰值时，跨中挠度值即为峰值挠度，mm。

由图 3-5 可知，普通充填体试件表现为弯曲破坏时突然断裂，由峰值荷载直接降为零。由图 3-6 可知，在达到峰值荷载之前，掺有聚丙烯纤维充填体试件的荷载-挠度曲线与图 3-5 中基本一致。在峰值荷载时加载应力存在突然降低的现象，且裂纹开始显现，说明此时充填体试件基体发生破坏。但破坏时试件并无明显裂纹，即使加载时间为 2 倍的峰值时间时，仍具有一定的承载能力，说明掺加纤维能够改善充填体的弯曲性能。

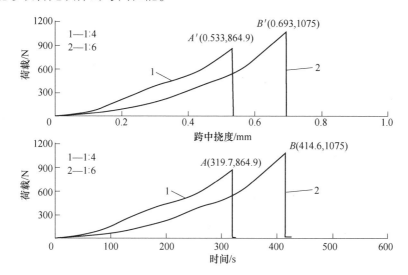

图 3-5　普通充填体的荷载-挠度（时间）曲线

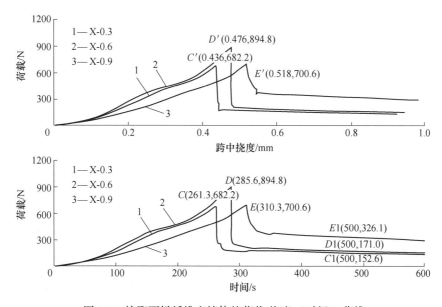

图 3-6　掺聚丙烯纤维充填体的荷载-挠度（时间）曲线

同时，N-1∶6、X-0.3、X-0.6 和 X-0.9 充填体试件的峰值荷载分别为 864.9N、682.2N、894.8N 和 700.6N；残余荷载分别为 0、152.6N、171N 和 326.1N。由此可见，掺有聚丙烯纤维充填体的峰值荷载并非全部大于充填体 N-1∶6，甚至纤维掺量的增加会导致性能的相对降低，但残余荷载与纤维掺量呈正相关。

由图 3-7 可以得知，随着跨中挠度值的增大，开裂后裂纹宽度逐渐增大，并伴随有微细裂纹的出现。掺纤维充填体和普通充填体的荷载-挠度曲线具有显著差别，主要体现在峰值荷载后充填体试件的承载能力。本次实验掺纤维充填体的综合抗弯强度低于普通充填体 N-1∶4，高于充填体 N-1∶6（峰值荷载相近，残余荷载显著提高）。此外，掺聚丙烯纤维和聚丙烯腈纤维充填体的峰后荷载-挠度曲线的趋势比较一致，但掺玻璃纤维充填体的峰后荷载-挠度曲线却并不相同，由峰值荷载降低为残余荷载的趋势线下降缓慢，与单轴抗压峰后力学行为相似；其残余荷载偏高，究其原因为相同纤维掺量条件下，掺玻璃纤维充填体的体积分数较大，所以在断裂面分布的纤维数量较大，表现为良好的纤维阻裂性能。

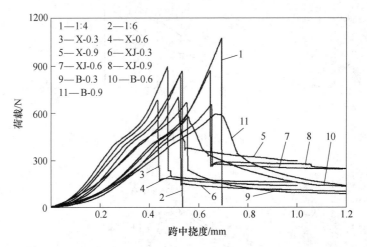

图 3-7 掺纤维充填体的荷载-挠度（时间）曲线

3.3.3 充填体试件破坏形态

图 3-8 为部分弯曲试件的破坏形态。根据实验操作过程现象和图 3-8 可以发现，胶结充填体试件均在三分点内起裂，且存在一条主裂纹沿梁高方向稳定发展。图 3-8（a）为普通充填体 N-1∶6 和 N-1∶4 在峰值荷载 A、B 两点时的破坏形态，此时加载时间分别为 319.7s 和 414.6s；充填体试件表现出明显的脆性特征，峰值荷载之后裂缝迅速扩展至顶部，不再具有承载能力，普通充填体的最终断裂面如图 3-8（a）右上角所示。因为在充填体内部，其水化产物形成的黏结力与尾砂颗粒硬度相比相差甚远，外部荷载不可能破坏尾砂颗粒，破坏形式主要表

现为晶体之间的断裂。根据断裂理论，当复合材料应力集中程度超过抗裂强度时，裂纹将逐渐增大。

由图3-8（b）、（c）和（d）可以得知：掺有聚丙烯纤维的充填体在加载过程中，具有显著的延性破坏特征，裂缝扩展速度缓慢。当达到峰值荷载C、D、E点时，充填体试件处于初裂状态，裂缝宽度极小，此时的加载时间分别为261.3s、285.6s和310.3s。当加载时间为500s时，纤维掺量为0.3%、0.6%和0.9%充填体试件的荷载状态为C1、D1和E1点，此时裂缝已经延伸至顶部形成宏观裂纹，但裂缝宽度仅与普通充填体峰值荷载时相当。

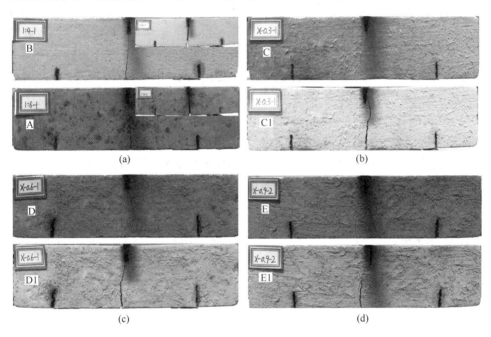

图 3-8　弯曲试件的破坏形态
（a）普通充填体；（b）X-0.3；（c）X-0.6；（d）X-0.9

图3-9（a）、（b）和（c）为掺聚丙烯纤维充填体试件的最终破坏断面图。从

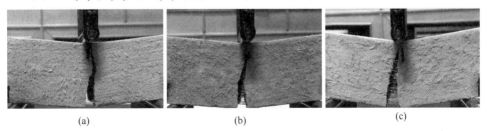

图 3-9　掺聚丙烯纤维充填体的破坏断面图
（a）X-0.3；（b）X-0.6；（c）X-0.9

上述断裂面可以看出：聚丙烯纤维掺量基本呈现倍数增加，符合实验设定变量参数。由于承载能力时间的延长，掺纤维充填体试件最终破坏状态下裂缝张开宽度明显大于普通充填体 N-1∶4 和 N-1∶6，但随着纤维掺量的增加裂纹扩展速度逐渐降低。

3.4 掺纤维尾砂充填体抗弯优化实验

3.4.1 各因素对抗弯强度的影响效应

表 3-3 为胶结充填体正交实验方案和抗弯参数统计。根据极差分析四个因素四个水平对抗弯强度的影响作用可知，纤维类型、纤维掺量、料浆浓度和灰砂比对抗弯强度的影响权重分别为 1.17、1.00、1.92 和 3.59。其中，灰砂比的影响权重远远大于其他三个因素。若选取抗弯强度值高于 500kPa，编号为 OE-1、OE-7、OE-12、OE-13 和 OE-14 的实验结果均符合要求。其中，4 组的灰砂比为 1∶4，3 组的料浆浓度大于等于 70%。由此说明四个因素对掺纤维充填体抗弯强度的影响次序为：灰砂比>料浆浓度>纤维类型>纤维掺量。灰砂比和料浆浓度依然是影响抗弯强度的主要因素，纤维类型和纤维掺量是次要因素，但纤维类型的影响作用高于纤维掺量。

表 3-3 正交实验方案和抗弯参数统计

编号	纤维类型	纤维掺量/%	料浆浓度/%	灰砂比	宽度/mm	峰值荷载/N	抗弯强度/kPa
OE-1		0.2	65	1∶4	32.26	174.63	507.9
OE-2		0.4	68	1∶6	36.68	106.83	273.08
OE-3	玻璃	0.6	70	1∶8	39.12	114.75	275.04
OE-4		0.8	75	1∶10	40.87	104.07	238.68
OE-5		0.2	68	1∶8	33.52	51.30	143.95
OE-6		0.4	65	1∶10	30.33	35.30	109.1
OE-7	聚丙烯	0.6	75	1∶4	37.25	474.70	1194.74
OE-8		0.8	70	1∶6	37.10	170.40	430.58
OE-9		0.2	70	1∶10	35.87	52.50	137.57
OE-10		0.4	75	1∶8	38.67	110.80	268.57
OE-11	聚丙烯腈	0.6	65	1∶6	33.45	84.10	235.7
OE-12		0.8	68	1∶4	35.26	197.37	524.42

编号	纤维类型	纤维掺量/%	料浆浓度/%	灰砂比	宽度/mm	峰值荷载/N	抗弯强度/kPa
OE-13		0.2	75	1:6	38.75	230.70	558.1
OE-14	聚乙烯醇	0.4	70	1:4	36.66	251.10	642.46
OE-15		0.6	68	1:10	35.94	75.60	197.23
OE-16		0.8	65	1:8	36.53	93.00	238.72

观察图 3-10 得出以下结论：

（1）在四种不同纤维类型中，聚丙烯纤维对充填体抗弯强度的增强效果最好，聚乙烯醇纤维、玻璃纤维、聚丙烯腈纤维次之。掺聚丙烯纤维充填体的抗弯强度依次为掺聚乙烯醇纤维、玻璃纤维、聚丙烯腈纤维充填体的 1.45 倍、1.61 倍和 1.15 倍。说明聚乙烯醇纤维对本次实验中胶结充填体的改善效果并不理想，且成本高于其他三种纤维，因此现场实践过程可果断舍弃。

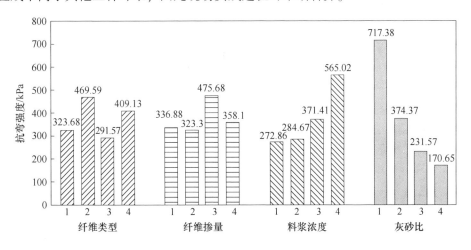

图 3-10 各个因素对抗弯强度的影响效应

（2）当纤维掺量为 0.6% 时，掺纤维充填体的抗弯强度最高，其强度值为 475.68kPa。

（3）随着料浆浓度的增加，掺纤维充填体的抗弯强度逐渐增大。相较于低一级别浓度试件的抗弯强度，料浆浓度为 67%、68% 和 75% 组别试件的增加率分别为 4.33%、30.47% 和 52.13%。

（4）随着灰砂比的降低，掺纤维充填体的抗弯强度逐渐减小。当灰砂比为 1:4 时，其抗弯强度分别是灰砂比为 1:6、1:8 和 1:10 组别的 1.92 倍、3.1 倍和 4.2 倍。此外，相较于低一级别灰砂比试件的抗弯强度，灰砂比为 1:8、

1：6 和 1：4 组别试件的增加率分别为 35.7%、61.67% 和 91.62%。由此可见，灰砂比越大，相应的增加率越高，在胶结充填体抗弯实验设计时，可以首先根据抗弯强度要求确定适当的灰砂比。

（5）其中，编号为 OE-7 充填体的抗弯强度值最优，其实验设计参数为聚丙烯纤维、0.6%、75% 和 1：4。

3.4.2 弯曲韧性评价及分析

3.4.2.1 荷载-挠度曲线的变化特征

假设充填体试块最危险面中的纤维被拔出时，视为纤维作用结束。由于本次实验中采用的纤维长度为 12mm，结合峰值挠度（约为 0.5mm），以及裂缝最大宽度与最大挠度的几何关系，设定最终的加载位移为 8mm，即跨中挠度为 8mm。绘制正交实验中掺纤维充填体的荷载-挠度曲线，如图 3-11 所示。观察图 3-11 发

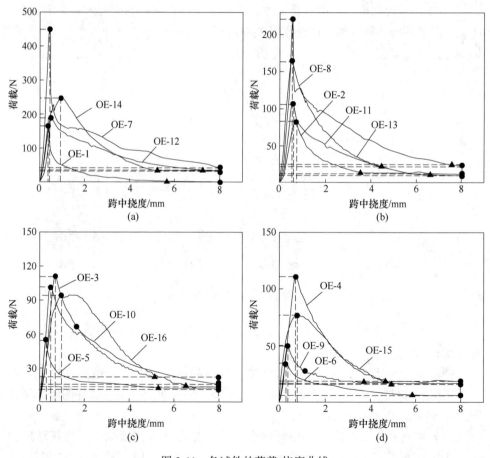

图 3-11　各试件的荷载-挠度曲线

(a) 1：4；(b) 1：6；(c) 1：8；(d) 1：10

现，随着跨中挠度的逐渐增大，各试件的荷载-挠度曲线达到峰值荷载后开始逐渐下降，但与图3-7中不同的是，峰后荷载值不存在迅速降低的现象，出现了应变软化阶段。致使该现象的原因与单轴压缩实验中相似，养护时间越长，峰值强度越高，但试件的韧性相对降低。当跨中挠度达到某一特定值时，荷载值几乎不再降低，进入了相对水平的缓慢下降阶段（此时的切线斜率基本为零），直到加载阶段结束。因此，采用圆形标识峰值荷载和结束荷载，三角形标识平缓阶段的起始点，以上三类特征点区分了掺纤维充填体荷载-挠度曲线的不同力学作用阶段。

3.4.2.2 充填体梁能量计算法

弯曲韧性评价标准主要有美国的 ASTM-C1018、德国的 DVB、日本的 JSCE-SF4 和我国的 CECS13：2009 等。借鉴德国纤维混凝土标准 DBV 法，并结合上述荷载-挠度曲线特征，建立适用于掺纤维充填体梁能量评价法来计算等效荷载和等效抗弯强度，以评价充填体梁的韧性。

图3-12为掺纤维充填体梁吸收能量计算示意图。当掺纤维充填体发生弯曲变形时试件吸收的能量（N·mm）计算公式如式（3-1）所示。根据图3-12可知，P 为峰值荷载，N；δ_0 为峰值荷载时的挠度值，mm；当挠度值为 $2\delta_0$ 时，初裂的能量吸收值 Q_0 为三角形 OAE 的面积，N·mm；δ_1 为峰值荷载后荷载挠度曲线斜率接近为零时的挠度值，mm；δ_2 为纤维作用期结束时的挠度值（设定δ_2 = 8mm），mm。挠度为 δ_1 和 δ_2 时的等效荷载（F_1、F_2）和等效强度（f_1、f_2）计算方法如式（3-2）和式（3-3）所示。

即
$$Q = \int_0^\delta P(\delta)\, d_\delta \tag{3-1}$$

$$F_1 = \frac{2Q_1}{2\delta_1 - 3\delta_0} \quad f_1 = \frac{3F_1 L}{2bh^2} \tag{3-2}$$

$$F_2 = \frac{2Q_2}{2\delta_2 - 3\delta_0} \quad f_2 = \frac{3F_2 L}{2bh^2} \tag{3-3}$$

式中，Q_1 和 Q_2 分别为挠度是 δ_1 和 δ_2 时纤维对充填体梁贡献的能量吸收值，即图3-12中 $ACFE$、$ADGE$ 的面积，N·mm；L、b 和 h 分别为掺纤维充填体试块的有效跨度、宽度和高度，mm。

3.4.2.3 等效抗弯强度

表3-4为掺纤维充填体荷载-挠度曲线中特征点的抗弯性能参数，表3-5各因素水平下的弯曲强度统计结果。由表3-4可知，δ_1/δ_0 的取值范围为 5.4~21.2，即掺纤维充填体试件进入屈服阶段的挠度值远远大于峰值挠度（混凝土研究中通常取值为5），说明充填体初裂后依然能够承受较大的变形值。由表3-5可知：四个因素对等效抗弯强度 f_1 的影响效应为灰砂比>纤维掺量>纤维类型>料浆浓度；对等效抗弯强度 f_2 的影响效应为灰砂比>纤维掺量>料浆浓度>纤维类型。说明峰

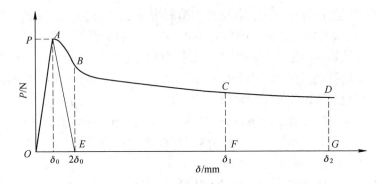

图 3-12 掺纤维充填体梁吸收能量计算示意图

后的等效抗弯强度 f_1 和 f_2 主要受灰砂比和纤维掺量的影响。

表 3-4 荷载-挠度曲线中特征点的抗弯性能参数

编号	δ_0/mm	R_b/kPa	δ_1/mm	δ_2/mm	F_1/N	f_1/kPa	F_2/N	f_2/kPa
OE-1	0.37	507.9	5.6	8.0	17.6	52	13.5	40
OE-2	0.57	273.08	3.5	8.0	27.1	71	18.8	49
OE-3	0.70	275.04	5.1	8.0	42.8	103	33.9	81
OE-4	0.70	238.68	4.9	8.0	40.7	95	29.4	69
OE-5	0.25	143.95	5.3	8.0	17.5	50	15.4	44
OE-6	0.29	109.1	5.9	8.0	12.8	40	11.0	34
OE-7	0.43	1194.74	8.0	8.0	95.3	241	95.3	241
OE-8	0.52	430.58	7.6	8.0	60.5	153	58.5	148
OE-9	0.34	137.57	3.7	8.0	23.2	60	19.9	50
OE-10	0.47	268.57	8.0	8.0	36.6	89	36.9	96
OE-11	0.71	235.7	6.6	8.0	31.1	87	27.0	77
OE-12	0.50	524.42	7.2	8.0	77.6	208	73.4	197
OE-13	0.54	558.1	4.4	8.0	51.0	123	37.3	91
OE-14	0.97	642.46	5.2	8.0	90.8	236	66.9	174
OE-15	0.77	197.23	4.7	8.0	39.6	103	30.4	79
OE-16	1.00	238.72	6.5	8.0	46.2	119	38.7	101

表 3-5 各因素水平下的弯曲强度

纤维类型	R_b/kPa	f_1/kPa	f_2/kPa	纤维掺量/%	R_b/kPa	f_1/kPa	f_2/kPa
玻璃纤维	323.68	80.25	59.75	0.2	336.88	71.25	56.25
聚丙烯	469.59	121	116.75	0.4	323.3	109	88.25
聚丙烯腈	291.57	111	105	0.6	475.68	133.5	119.5
聚乙烯醇	409.13	145.25	111.25	0.8	358.1	143.75	128.75
料浆浓度/%	R_b/kPa	f_1/kPa	f_2/kPa	灰砂比	R_b/kPa	f_1/kPa	f_2/kPa
65	272.86	74.5	63	1:4	717.38	184.25	163
68	284.67	108	92.25	1:6	374.37	108.5	91.25
70	371.41	138	113.25	1:8	231.57	90.25	80.5
75	565.02	137	124.25	1:10	170.65	74.5	58

由图 3-13 可知：

（1）纤维类型对抗弯强度和等效抗弯强度的影响作用基本一致，主要由纤维的性能参数决定。玻璃纤维的弹性模量较高，即具有较高的刚性，但是耐碱性差，受到水泥水化产物的腐蚀等作用，使得玻璃纤维随着养护时间的延长逐渐脆化丧失了原有的特性。聚丙烯纤维易分散，提高了尾砂充填体的均匀性，降低了充填体的离析率，与水泥基体具有良好的亲和力。聚丙烯腈纤维分子结构中含有亲水基（—CN），使得纤维与充填体之间具有良好的黏结性能。聚乙烯醇纤维对水泥粒子吸附性差、保水性差，使其难以充分发挥应有的增强效果。

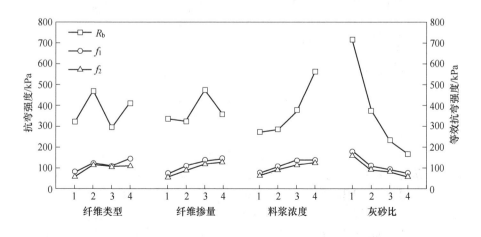

图 3-13 各因素水平下的弯曲强度的影响效应

（2）随着纤维掺量的增加，抗弯强度先增加后减小（最优掺量为 0.6%），但等效抗弯强度逐渐增大。求取在四个不同掺量水平下，充填体断裂结束时的等效抗弯强度 f_2 与抗弯强度的比值依次为 16.7%、27.3%、25.12% 和 35.95%。当掺量为 0.4%、0.6% 和 0.8% 时，f_2 的增加率分别为 56.89%、35.41% 和 7.74%。

（3）随着料浆浓度的增大，抗弯强度和等效抗弯强度逐渐增大。当浓度为 68%、70% 和 75% 时，f_2 的增加率分别为 46.43%、22.76% 和 9.71%。由此说明，增大纤维掺量和料浆浓度提高了充填体的峰后抗弯性能，但改善效果逐渐减弱。

（4）随着灰砂比的降低，抗弯强度和等效抗弯强度逐渐减小。在四个不同灰砂比条件下，f_2 与抗弯强度的比值，依次为 22.72%、24.37%、34.76% 和 33.99%。说明灰砂比越大，掺纤维充填体试件的脆性越高，峰后弯曲性能下降幅度越大。

3.4.2.4 峰后韧性指标及评价

为了定量的分析掺纤维充填体从基体破坏到纤维作用结束阶段的韧性度，以峰值荷载作为峰后能量吸收的界限点，采用实测的荷载-挠度曲线中峰值荷载后的面积与理想双线性模型峰值荷载后的面积之比，来衡量峰后的韧度指标。计算每一组掺纤维充填体的峰后韧度，并求取平均值，然后绘制各因素对峰后韧度的影响效应，如图 3-14 所示。

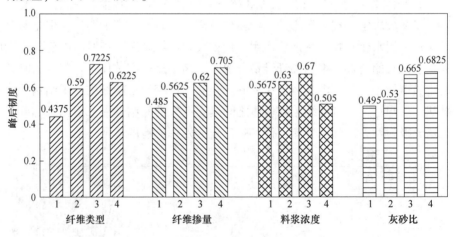

图 3-14 掺纤维充填体的峰后韧度评价

由图 3-14 可知：

（1）四种因素对峰后韧度的影响权重分别为 1.73、1.33、1.00 和 1.14，说明影响效应依次为：纤维类型>纤维掺量>灰砂比>料浆浓度。

（2）充填体 OE-7 和 OE-14 的抗弯强度分别为 1194.74kPa 和 642.46kPa，明显高于其他组别，但其峰后韧度则分别为 0.44 和 0.56，属于中等水平。

（3）充填体 OE-9 和 OE-16 的峰后韧度均为 0.79，高于其他组别，但灰砂比均小于 1:6。

（4）掺聚丙烯腈纤维充填体的峰后韧度最大，分别为掺玻璃纤维、聚丙烯纤维、聚乙烯醇纤维充填体的 1.65 倍、1.22 倍和 1.16 倍。

（5）随着纤维掺量的增加，充填体的峰后韧度逐渐增大。当纤维掺量每增加 0.2% 时，则相应充填体峰后韧度的增加率分别为 15.98%、10.22% 和 13.71%。

（6）当料浆浓度由 65% 增加到 70% 时，充填体的峰后韧度逐渐增大；当料浆浓度由 70% 增加到 75% 时，充填体的峰后韧度降低了 24.63%。说明当料浆浓度高于某一定值时，反而不利于充填体的韧度发展。

（7）随着灰砂比的减小，充填体的峰后韧度逐渐增大，灰砂比为 1:6、1:8、1:10 的充填体增加率分别为 7.07%、25.47% 和 2.63%。说明灰砂比越高，充填体试件的韧度反而越小。其中，当灰砂比由 1:6 降低为 1:8 时，充填体的峰后韧度改善效果最明显。

3.4.3 荷载-挠度曲线的拟合模型

构建掺纤维尾砂充填体的荷载-挠度曲线的拟合模型，首先确认影响实验中拟合模型的变量因素，主要包含纤维类型、纤维掺量、灰砂比和料浆浓度等因素。

3.4.3.1 二次多项式回归及预测

基于正交设计实验获取的数据结果，采用二次多项式逐步回归分析方法，分别推导出抗弯强度和等效抗弯强度等各个因变量与自变量（纤维类型、纤维掺量、料浆浓度、灰砂比）之间的数学模型，即二次多项式回归方程式。

$$R_b = -354.076 + 729.335x_1 + 5010.151x_2 + 93.379x_3 - 33196.447x_4 - 20.38x_1^2 +$$
$$235.908x_2^2 - 911.233x_3^2 + 15961.308x_4^2 - 188.355x_1x_2 - 622.81x_1x_3 -$$
$$889.306x_1x_4 - 5830.85x_2x_3 - 4293.15x_2x_4 + 51708.39x_3x_4 \tag{3-4}$$

$$f_2 = -6059.642 + 105.623x_1 + 1646.746x_2 + 16515.74x_3 - 5992.007x_4 -$$
$$19.126x_1^2 + 21.295x_2^2 - 11314.738x_3^2 + 5038.131x_4^2 + 23.302x_1x_2 -$$
$$40.156x_1x_3 + 45.857x_1x_4 - 2069.649x_2x_3 - 1101.712x_2x_4 +$$
$$7662.766x_3x_4 \tag{3-5}$$

$$P_{max} = -493.304 + 294.893x_1 + 2198.731x_2 + 848.115x_3 - 13696.967x_4 -$$
$$6.377x_1^2 + 92.031x_2^2 - 774.45x_3^2 + 5891.512x_4^2 - 76.634x_1x_2 - 272.798x_1x_3 -$$
$$330.115x_1x_4 - 2604.759x_2x_3 - 1695.982x_2x_4 + 21327.386x_3x_4 \tag{3-6}$$

$$\delta_0 = -37.183 + 2.732x_1 + 23.157x_2 + 82.096x_3 - 0.813x_4 + 0.004x_1^2 -$$
$$0.237x_2^2 - 40.427x_3^2 + 17.561x_4^2 + 0.189x_1x_2 - 4.303x_1x_3 +$$
$$0.778x_1x_4 - 30x_2x_3 - 15.789x_2x_4 + 1.65x_3x_4 \tag{3-7}$$

式中，R_b 为抗弯强度，kPa；f_2 为等效抗弯强度，kPa；P_{max} 为峰值荷载，N；δ_0 为峰值挠度，mm；x_1 为纤维类型，（1、2、3、4 分别代表玻璃纤维、聚丙烯纤维、聚丙烯腈纤维、聚乙烯醇纤维）；x_2 为纤维掺量,%；x_3 为料浆浓度（例如 75% 为 0.75）；x_4 为灰砂比（例如 1 : 4 为 0.25）。

如图 3-15 所示，以三点弯曲的实验值为横坐标，预测值为纵坐标，图中坐标点的离散性很小（接近直线函数 $y=x$）；图 3-16 回归标准化残差符合正态分布 N（0，1），拟合效果良好；说明掺纤维充填体弯曲强度的回归函数方程能够反应实验值与各个因素变量之间的相关性。其中，抗弯强度 R_b 回归模型相关系数为 0.999，矫正系数为 0.980；等效抗弯强度 f_2 回归模型相关系数为 1.000，矫正系数为 0.996；根据显著性 Sig 值分析结果可知实验误差较小，多项式回归模型具有可靠性，可以作为预测弯曲强度的判断依据。

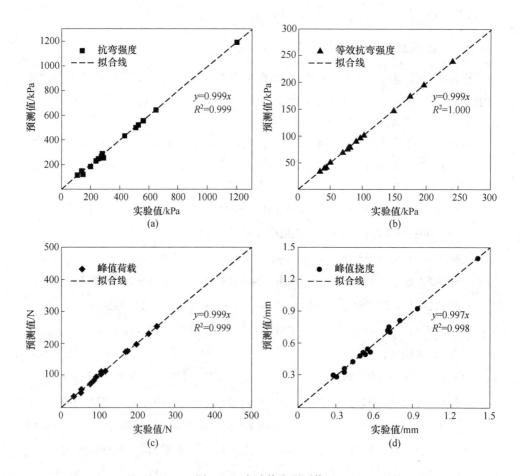

图 3-15　实验值和预测值

（a）抗弯强度；（b）等效抗弯强度；（c）峰值荷载；（d）峰值挠度

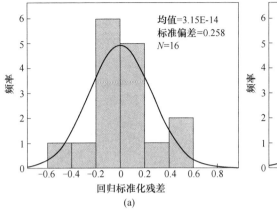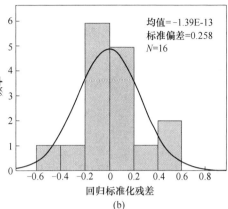

图 3-16 回归标准化残差分布直方图

（a）抗弯强度；（b）等效抗弯强度 f_2

3.4.3.2 模型和参数求取

查阅文献发现掺纤维尾砂充填体的荷载-挠度曲线与纤维混凝土的界面本构曲线相似，因此，将其改进并引入曲线拟合模型构建。本实验中荷载-挠度曲线拟合模型的基本方程如下：

即
$$P = P_{\max}\left[\frac{\delta}{\delta_0}\frac{a}{b + (\delta/\delta_0)^m}\right] \tag{3-8}$$

式中，P 为荷载值，N；δ 为挠度值，mm；$P_{\max}$ 为峰值荷载值，N；δ_0 为峰值挠度值，mm；常数 a、b 和 m 通过荷载-挠度曲线的拟合求解获得。

将实验曲线和拟合曲线进行对比分析，并定义拟合度的计算公式。

即
$$\Delta = \left(1 - \frac{|S_{拟合} - S_{实验}|}{S_{实验}}\right) \times 100\% \tag{3-9}$$

式中，Δ 为拟合度；$S_{拟合}$ 和 $S_{实验}$ 分别为拟合曲线和实验曲线的面积，N·mm²。设定拟合度高于 95%，即误差范围为 5% 以内，符合实验曲线的变化趋势。

运用基本的理论方程和最小二乘法求取实验曲线的拟合参数，如表 3-6 所示。图 3-17 为实验曲线和模型拟合曲线的对比情况。

表 3-6 实验曲线进行数值方程拟合求取的参数

编号	纤维类型	峰值荷载/N	峰值挠度/mm	a	b	m	拟合度/%
OE-1		174.63	0.36	2.50	1.65	3.00	98.42
OE-2	玻璃	106.83	0.56	2.55	1.58	2.60	98.36
OE-3		114.75	0.71	2.50	1.62	2.30	95.31

续表 3-6

编号	纤维类型	峰值荷载/N	峰值挠度/mm	a	b	m	拟合度/%
OE-4	玻璃	104.07	0.72	2.59	1.57	2.45	98.31
OE-5	聚丙烯	51.30	0.27	2.60	1.58	1.90	97.93
OE-6		35.30	0.30	2.48	1.63	1.90	99.93
OE-7		474.70	0.43	2.55	1.58	2.30	95.94
OE-8		170.40	0.52	2.48	1.65	2.00	97.33
OE-9	聚丙烯腈	52.50	0.36	2.47	1.65	1.88	96.78
OE-10		110.80	0.48	2.46	1.69	2.03	99.00
OE-11		84.10	0.71	2.52	1.57	2.30	99.18
OE-12		197.37	0.50	2.48	1.65	1.98	98.14
OE-13	聚乙烯醇	230.70	0.54	2.55	1.62	2.72	98.90
OE-14		251.10	0.93	2.56	1.60	2.62	99.42
OE-15		75.60	0.80	2.58	1.57	2.13	98.46
OE-16		93.00	1.41	2.60	1.57	2.60	99.45
平均值		—	—	2.53	1.61	2.29	98.19
浮动范围				2.47~2.60	1.57~1.69	1.88~3.0	

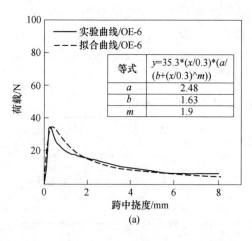

等式	$y=35.3*(x/0.3)*(a/(b+(x/0.3)^m))$
a	2.48
b	1.63
m	1.9

实验曲线/OE-6
拟合曲线/OE-6

(a)

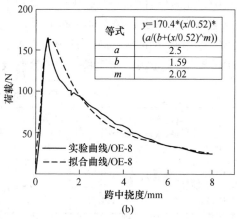

等式	$y=170.4*(x/0.52)*(a/(b+(x/0.52)^m))$
a	2.5
b	1.59
m	2.02

实验曲线/OE-8
拟合曲线/OE-8

(b)

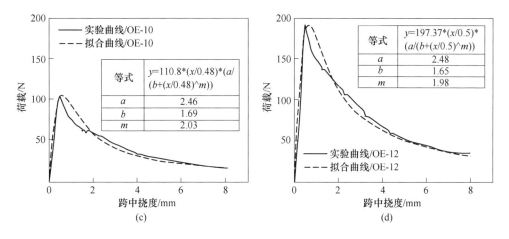

图 3-17　实验曲线和模型拟合曲线的对比

（a）OE-6；（b）OE-8；（c）OE-10；（d）OE-12

由图 3-17 和表 3-6 可以看出，采用理论拟合模型求取的结果和实验结果比较吻合，说明上述方法是切实可行的。其次，荷载-挠度曲线拟合模型中常数参数 a 平均值为 2.53，浮动范围为 2.47~2.60；b 平均值为 1.61，浮动范围为 1.57~1.69；a 和 b 对峰值荷载 P_{max} 的影响权重较大，且 a 与 P_{max} 呈正相关，b 与 P_{max} 呈负相关。此外，m 值对峰值荷载后的曲线影响作用较大，m 值越大，则曲线下降趋势越快；由于 m 值的浮动范围偏大，预测实验曲线时容易出现偏差，需要建立函数 $m(x_1, x_2, x_3, x_4)$，将设定的四个因素的参数值代入函数求取 m；然后求取方程式（3-10），并根据设定的 P_{max} 调整参数 a，b 使其满足要求，则获得预测的荷载-挠度曲线。

即
$$P = P_{max}(x_1, x_2, x_3, x_4)\left[\frac{\delta}{\delta_0(x_1, x_2, x_3, x_4)} \cdot \frac{a}{b + \delta/\delta_0(x_1, x_2, x_3, x_4)^{m(x_1, x_2, x_3, x_4)}}\right]$$
$$(3-10)$$

3.5 掺纤维尾砂充填体裂纹扩展机理与演化规律

3.5.1 建立掺纤维充填体梁模型

采用 PFC 2D 颗粒流数值软件建立三点抗弯模型，从细观角度揭示充填体试样的裂纹扩展机理与演化规律，模型尺寸：长 160mm，高 40mm，有效跨度 100mm。模拟颗粒的半径符合尾砂粒径分布规律，并在墙体内随机生成，充填体基体的颗粒总数目为61163。试样模型的加载支架由三个圆形的刚性墙体替代，并赋予上部圆形墙体的加载速率为0.05。考虑到胶结充填体内部尾砂颗粒和纤维组成被水化产物包裹，因此，通过调试平行黏结模型的微观接触参数，并与已获得的宏观力学参数进行对比，直到确定最终的细观力学参数。

本次模拟选取了优化实验中的OE-1和OE-8两个组别，其峰值荷载相近，由于分别掺加了0.2%的刚性纤维和0.8%的柔性纤维，使得峰后的荷载-挠度曲线变化趋势差异较大，十分具有代表性。此外，采用的数值模拟手段区别于掺纤维混凝土ABAQUS和FLAC 2D的有限元模拟方式，则赋值方式略有不同。因此，首先采用Fish语言编程使得两种代表纤维均匀分布并赋予其力学参数，分别获得掺纤维充填体梁的荷载-挠度曲线和破坏形态，并与实验结果进行对比，待获取的模拟结果符合要求时，采用上述充填体基体的细观力学参数再次进行数值模拟，获取普通充填体的弯曲受力作用下的裂纹演化过程。表3-7为三点抗弯模型的细观力学参数，图3-18为数值模拟充填体梁的三点抗弯模型。

表 3-7 三点抗弯模型的细观力学参数

名　称	量值	名　称	量值
最小颗粒半径/mm	0.30	OE-1 中纤维的颗粒数目	11084
最大、最小颗粒半径比	2.5	OE-8 中纤维的颗粒数目	22712
充填体基体密度/kg·m^{-3}	1900	颗粒间摩擦系数	0.5
充填体基体颗粒数目	61163	纤维与充填体的黏结系数	0.3

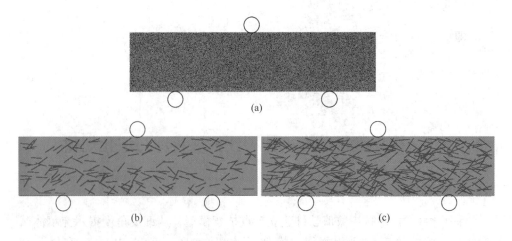

(a)

(b)　(c)

图 3-18 数值模拟充填体梁的三点抗弯模型

(a) 普通充填体；(b) OE-1（纤维掺量-0.2%）；(c) OE-8（纤维掺量-0.8%）

3.5.2 充填体梁破坏演化过程

图 3-19 为数值模拟充填体梁的荷载-挠度曲线。观察图 3-19（a）可以看出，OE-1 的模拟曲线和实验曲线比较吻合。由于掺入纤维影响了颗粒模型的分布结构，随着部分颗粒处的破裂使得荷载-挠度曲线出现多处波动，经过光滑处理后的模拟曲线较实验曲线而言吻合度良好，按照面积拟合度计算可知为 91.76%。其次，OE-1 模拟曲线的峰值荷载为 169.05N，其跨中挠度值为 0.332mm；OE-1 实验曲线的跨中挠度值为 0.3656mm；普通充填体模拟曲线的峰值荷载为 164.66N，其跨中挠度值为 0.3638mm，由此可知，相同力学参数条件下掺纤维充填体的峰值荷载高于普通充填体，但相应的跨中挠度低于普通充填体，与 3.3.2 小节中的抗弯实验结果相似。观察图 3-19（b）可知，模拟结果的荷载-挠度曲线其峰后变化趋势差异明显，尤其体现在最终的跨中挠度值相差数倍。因此，设定点 a（94N）、b（135N）、c（峰值荷载）、d（峰后 120N）、e（峰后 82N）、f（峰后 43N）和 g（最终状态），分别从颗粒速度场分布、临界状态接触力链、裂纹演化过程、局部接触力、接触力链分布情况等方面分析普通充填体和掺纤维充填体 OE-1 之间的区别。

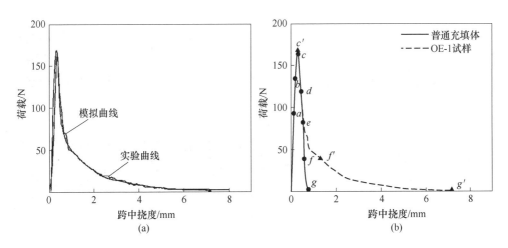

图 3-19　数值模拟充填体梁的荷载-挠度曲线

（a）试样 OE-1；（b）模拟曲线

观察图 3-20~图 3-22 得知：临界状态接触力链直观反映出模型中颗粒的局部受力情况，力链密集程度形成颜色的深浅度代表应力的大小。当充填体试件受到弯曲荷载作用时，普通充填体和掺纤维充填体 OE-1 模型的颗粒间接触力链类型主要表现为拉伸和压缩两种。根据不同加载阶段的模型颗粒速度场分布情况发现，颗粒速度场逐渐向下转移，能够反映出颗粒间接触力的传播途径。

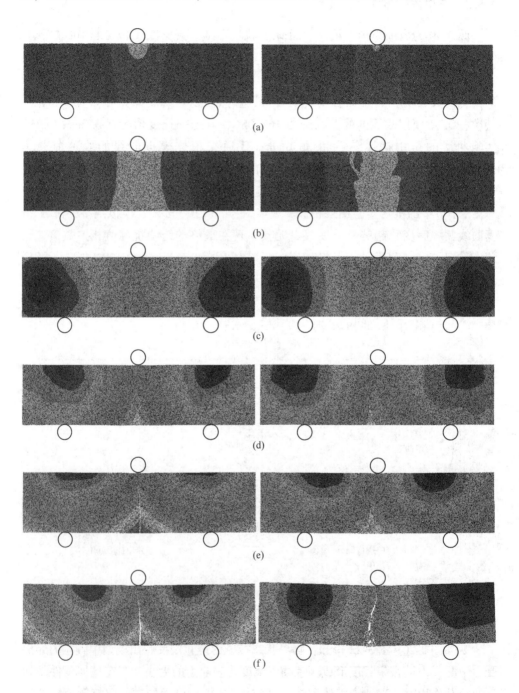

图 3-20   普通充填体（左侧）和试样 OE-1（右侧）的颗粒速度场分布

(a) 94N；(b) 135N；(c) 峰值荷载；(d) 峰后 120N；(e) 峰后 82N；(f) 最终状态

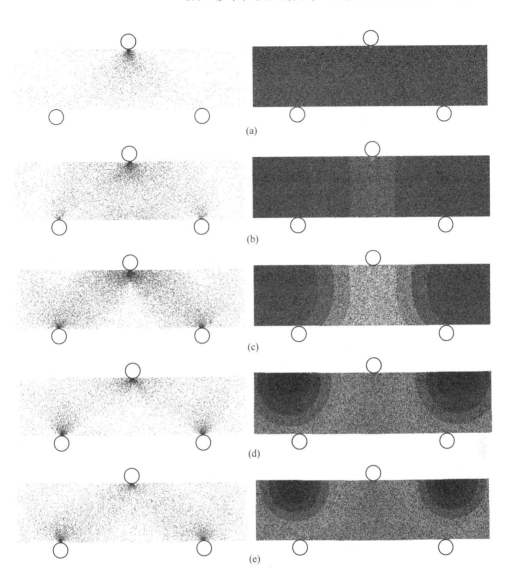

图 3-21　普通充填体的临界状态接触力链（左侧）和裂纹演化过程（右侧）

（a）94N；（b）峰值荷载；（c）峰后 120N；（d）峰后 82N；（e）峰后 43N

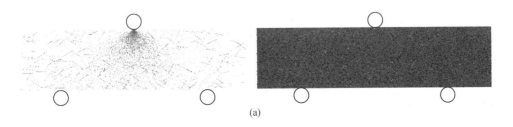

（a）

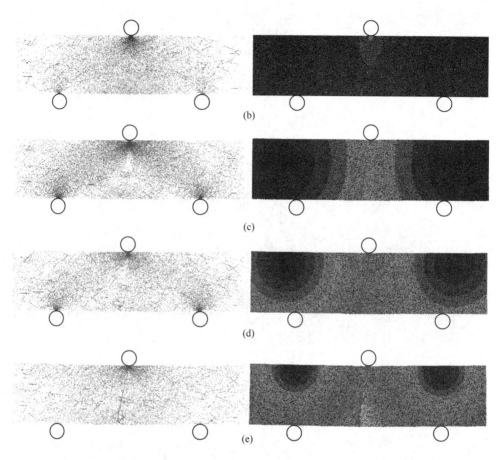

图 3-22　试样 OE-1 的临界状态接触力链（左侧）和裂纹演化过程（右侧）
(a) 94N；(b) 峰值荷载；(c) 峰后 120N；(d) 峰后 82N；(e) 峰后 43N

当加载至 94N 时，两种试样加载点的颗粒速度场均延伸至底端，且裂纹密集区依然为发生局部压缩破坏的加载点，与实验过程中充填体试样表现出的加载点凹陷相吻合。随着底端的应力逐渐增大，接触力链类型呈现为拉伸状态。此时，普通充填体加载点的微裂纹数目为 14，试样 OE-1 的微裂纹数目为 23，并且相同区域的颗粒速度高于试样 OE-1，说明相同介质更利于应力速度的传播。当加载至峰值荷载时，两种试样充填体底端已经出现拉伸裂纹，此时裂纹周围的应力明显高于其他部分，致使裂纹处颗粒速度场增大，但试样左右两端水平中心点的颗粒速度场最小。其次，也是临界状态接触力链中拉应力表现最显著的加载阶段。普通充填体的微裂纹数目为 147，掺纤维充填体 OE-1 的微裂纹数目为 144，而峰值荷载却高于普通充填体，究其原因与裂纹起始点位于峰值挠度前有关，但此时纤维的力学表现作用尚不明显。

当加载至峰后120N时，试样的微裂纹颜色加深，大小发育为肉眼可见的宏观尺度；普通充填体的裂纹延伸长度为29.86mm，掺纤维充填体的OE-1的裂纹延伸长度为29.43mm。当加载至峰后82N，此时两种试样的裂纹已延伸至充填体试件顶端。模型颗粒速度场分布体现为裂纹部位的颗粒速度明显高于其他部位，且呈"人"字形分布于两侧，底端裂纹起始点的颗粒速度最大，上端面两侧中心点的颗粒速度场最小。此时，普通充填体裂纹起始点的颗粒速度为掺纤维充填体OE-1的1.5倍。此外，相较于掺纤维充填体OE-1，普通充填体的裂纹分布更规则。结合两种试样的模拟曲线和位移场发现，当加载至峰后82N开始在模型的颗粒位移场体现出差异，普通充填体的裂纹扩展迅速，且无法承受较大的跨中挠度变形。此外，观察峰后加载过程中由三个加载点形成的三角区域里接触力链的分布情况可知，普通充填体已开裂处接触力链向两侧发展，说明充填体底端开裂处逐渐失效，不再具备承载能力；而充填体OE-1中纤维在峰后加载作用下的抗拉伸阻裂作用逐渐凸显。

观察图3-23和图3-24发现，充填体基体容易在掺加纤维的部位形成若干薄弱面而影响尾砂颗粒的均匀分布，因此，普通充填体三点抗弯起裂点距底端中心点的距离更小。针对掺纤维充填体梁而言，当受到外部弯曲荷载作用时，充填体基体内的接触应力逐渐增加，接触应力和底端的拉应力在峰值荷载时表现最显著。其次，掺纤维充填体基体中的裂纹一旦形成则迅速扩展，并伴随着裂纹上端部周围应力分布集中。随着纤维联结两个端面处裂纹尺寸的增加，纤维承载的拉应力逐渐增大，高于周边充填体基体的接触力。由于合成纤维和充填体基体的弹性模量之间存在很大的差异，当受到相同拉应力条件时发生的变形量不同，随着荷载和挠度的逐渐增大，纤维的一端被拉出充填体基体。由此可见，掺纤维充填体起裂的主要影响因素依然是胶结充填体基体的力学强度，纤维阻裂作用主要体现在峰值荷载后的裂纹扩展阶段。

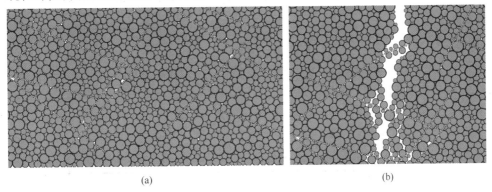

(a)　　　　　　　　　　　　　　(b)

图3-23　掺加纤维对胶结充填体的影响

（a）初始模型；（b）峰后力学行为

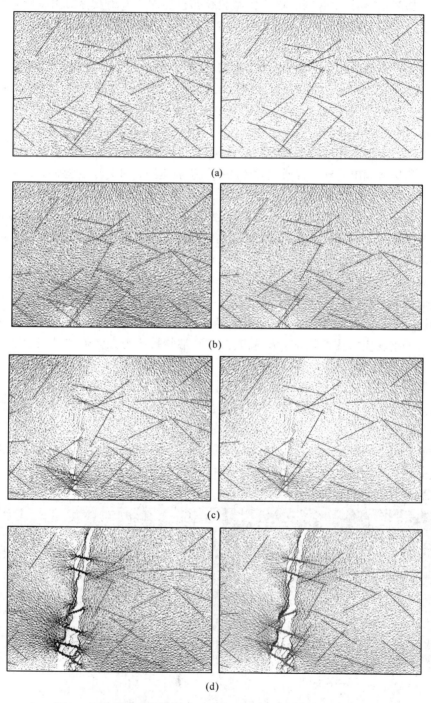

(a)

(b)

(c)

(d)

图 3-24 掺纤维充填体 OE-1 的局部接触力和接触力链分布情况

（a）135N；（b）峰值荷载；（c）峰后 120N；（d）峰后 43N

胶结充填体梁 OE-8 数值模拟时充填体基体的软硬程度相对降低（单个试样的胶结材料较组别 OE-1 减少 16g），但需要保持峰值荷载和峰值挠度基本一致，以便于观察纤维掺量对充填体梁的力学影响作用。观察图 3-25 可知，当加载至 d 时，普通充填体和试样 OE-1 的裂纹延伸长度分别为 29.86mm、29.43mm（如图 3-21（c）和图 3-22（c）所示）；此时试样 OE-8 的裂纹延伸长度仅为 24mm（如图 3-25（a）所示）。在弯曲荷载作用下加载至 f 点时，相同部位的颗粒速度试样 OE-1 高于试样 OE-8。其次，试样 OE-1 的裂纹已经发展为宏观裂纹且延伸至顶端；而试样 OE-8 的宏观裂纹仅限于中下部，上部衍生的裂纹属于微裂纹范畴，从颗粒速度场分布观察尚不明显。说明胶结充填体起裂以后，随着下部裂纹宽度的增大，则纤维已开始发挥阻裂作用，而不是充填体基体完全破裂之后。

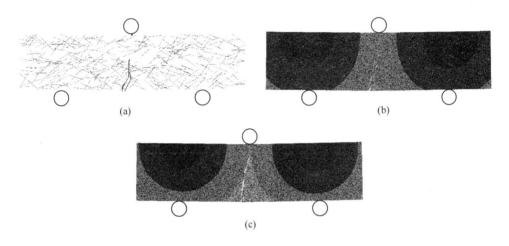

(a) (b) (c)

图 3-25　掺纤维充填体 OE-1 和 OE-8 的颗粒速度场

(a) OE-8-d 点；(b) OE-8-f 点；(c) OE-1-f 点

3.6　本章小结

本章介绍了掺加聚丙烯纤维、聚丙烯腈纤维、玻璃纤维、聚乙烯醇纤维对尾砂胶结充填体的劈裂抗拉强度、抗弯强度的影响结果，并评价不同纤维种类和掺量对胶结充填体强度、延性、抗裂性能的改善效果。根据实验结果分析，得出以下结论：

（1）掺加纤维提高了胶结充填体的抗拉强度，其最大增加百分比为 22.86%。普通充填体 N-1∶6 的劈裂破坏形式表现为沿加载直径方向的主裂纹直接劈裂为两个半圆，掺纤维充填体则是由截面中心部位多个次生裂纹延伸为主裂纹，不存在散落碎块的现象。

（2）在宏观的劈裂和三点抗弯力学实验中，纤维在出现第一次峰值荷载后开始发挥其力学作用，对裂纹的起裂阶段和扩展阶段具有良好的抑制作用。掺纤维充填休在峰值荷载后表现为塑性变形，不再是准脆性破坏。

（3）四个因素对掺纤维充填体抗弯强度的影响次序为：灰砂比>料浆浓度>纤维类型>纤维掺量。灰砂比和料浆浓度依然是影响抗弯强度的主要因素，纤维类型和纤维掺量是次要因素，但纤维类型的影响作用高于纤维掺量。

（4）掺纤维充填体试件进入屈服阶段的挠度值远远大于峰值挠度，其峰后的等效抗弯强度 f_1 和 f_2 则主要受灰砂比和纤维掺量的影响。此外，四个因素对充填体峰后韧度的影响效应由大到小依次为纤维类型、纤维掺量、灰砂比、料浆浓度。

（5）当受到弯曲荷载作用时，普通充填体和掺纤维充填体模型的颗粒间接触力链类型主要表现为拉伸和压缩两种，其拉应力在峰值荷载时表现最为显著；开裂处接触力链向两侧发展，底端裂纹起始点的颗粒速度最大。

（6）胶结充填体梁的起裂点位于峰值荷载之前，胶结充填体基体的力学强度是影响起裂的主要因素。纤维承载拉应力联结两个端面，降低了充填体模型中基体的颗粒速度，延缓了峰值荷载后的裂纹扩展阶段。

4 掺纤维尾砂充填体细观结构及力学特性研究

4.1 引　言

掺纤维尾砂充填体由尾砂、胶结剂、纤维和水组成，是一种具有复杂结构的多相复合材料。由于胶结充填体基质本身的内部结构存在不同的初始缺陷，如孔隙、微裂纹等，且掺入纤维影响了充填体细观结构的均匀性和连续性。研究发现在裂纹的演变过程中，内部的孔隙缺陷对裂纹的发展贡献很大，当受到外部荷载作用时宏观变形是通过内部的微细结构参数的调整来实现。由此可见，上述因素均对胶结充填体的工作性能和宏观力学行为有显著影响。因此，有必要从细观结构角度研究充填体宏细观力学行为之间内在的关联。

目前常用三种方法来研究岩土体的细观结构，分别是 CT 扫描技术、声发射技术和核磁共振技术。其中，CT 扫描技术是一种无创、无损的成像技术，能够探测物体的内部结构和重构高分辨率图像，在医学、岩土和机械等研究领域得到了多年的应用，但对尾砂充填体的研究报道并不多。

本书不是着眼于宏观应力-应变特征，而是收集压缩前后充填体的孔裂隙和裂缝分布的三维数据，探索如何利用二维图像重建充填体内部结构的三维形态，评价不同纤维类型和掺量下充填体的内部结构，从细观角度分析内部结构和力学特性之间的联系。

4.2　掺纤维增强充填体特性机理研究

纤维增强经典理论有阻裂理论、复合材料机理和多缝开裂理论，由此可见，纤维增强作用机制是十分复杂的，并受纤维长度、分布间距、表面粗糙程度、体积率等因素影响。根据上述纤维掺量对抗压强度的影响作用，及破坏模式分析结果，制备胶结充填体样品进行电镜实验。结合 SEM 图像显示的胶结充填体的微观结构形态，及能谱图反映的尾砂-水泥基体的水化程度，研究纤维提供的增强作用机理。

将养护至规定龄期的胶结充填体试块破碎取芯，并用无水乙醇终止水化，然后将其取出烘干制样，进行表面喷碳处理（2 次以上）。然后将样品放入扫描实验装置中，采用蔡司扫描电镜观察不同纤维掺量条件下样品的微观形态和结构特征，如图4-1所示。设备型号和参数：ZEISS EVO® 18 扫描电子显微镜，分辨率为 3nm，最大加速电压为 30kV，SEM 图像像素为 1024×768。实验内容包括：每个样品不同放大倍数条件下的微观结构，以及样品多个部位的能谱图分析。

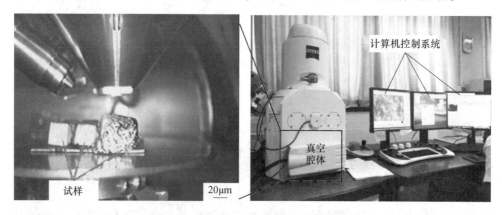

图 4-1 电镜实验装置和测试过程

4.2.1 灰砂比和养护龄期的影响作用

SEM 图像显示了胶结充填体的微观结构形态，有助于研究纤维在胶结充填体中的增强作用机理。图 4-2（a）为灰砂比 1∶4 的普通胶结充填体样品，由于其灰砂比最大且未添加纤维，全尾砂颗粒被水化产物（C-S-H 凝胶）完全包裹，颗粒之间胶凝产物的界面密度很大，改善了致密性整体结构，孔隙率小，几乎没有明显的缺陷。图 4-2（b）为灰砂比 1∶6 的普通胶结充填体样品的 SEM 图像。总的来说，样品 N-1∶6 的微观结构相较于 N-1∶4 略差，存在个别微小的孔洞结构，已经形成了连续网状结构的胶凝产物。由此可见，水化产物及形成的黏结力是影响胶结充填体力学强度的重要因素。观察图 4-2 可知，相邻团粒互相连接使

(a)   (b)

图 4-2 普通胶结充填体样品的 SEM 图

（a）N-1：4-28d；（b）N-1：6-28d；（c）N-1：4-7d；（d）N-1：6-7d

得复合材料结构密实，片状晶体（氢氧钙石 CH）以及粒状、块状（钙钒石 AFt）产物构成了稳定的骨架结构。随着养护龄期的延长，以及内部水化反应的进行，胶凝产物数量逐渐增多，充填体内部较大的孔隙逐渐被填充密实，孔隙结构得以细化，总的孔隙率降低（其中，毛细孔数量减少，胶凝孔数量增加）。当养护龄期相同时，总的孔隙结构随灰砂比的增大而减少。

4.2.2 纤维几何分布及连接作用

图 4-3 为掺 12mm 聚丙烯纤维充填体样品的 SEM 图像，放大倍数分别为 50 倍和 100 倍。

图 4-3（a）～（c）直观地显示掺量为 0.3%、0.6% 和 0.9% 时聚丙烯纤维的几何分布。由图 4-3 可知纤维分布的空间概率与纤维掺量设计大致相同。由于灰砂比和料浆浓度相同，以及纤维吸收了部分周围原本用于水化反应的自由水。因此，充填料浆的黏稠度随着纤维掺量的增加而逐渐增大，且单位体积内纤维数量的增加影响了拌合物中纤维的均匀分散效果。例如：掺量为 0.3% 和 0.6% 的情况下，纤维的分布效果优于掺量为 0.9% 的样品。其次，从纤维分布方向角度来说，纤维在平面内是乱象、随机分布在基体内，实验过程中无法预先设定。研究发现胶结充填体样品的完整性很大程度上取决于基体中纤维的体积分数，以及几何分布方向。

观察图 4-3（d）可以发现，由于纤维增强了充填体颗粒之间的相互作用，能够保证施加到基体上的外部荷载通过纤维-充填体界面传递给纤维，进而有效抑制裂缝的发展和扩展，长度为 12mm 的纤维很明显将两部分连接为一个整体，防止裂缝的二次传播，其次裂纹扩展所产生的力不足以使纤维断裂，因为聚丙烯纤维的抗拉强度为 398MPa，图 4-3（d）中存在明显的划痕。

图 4-3　掺聚丙烯纤维充填体样品 SEM 图

(a) 0.3%；(b) 0.6%；(c) 0.9%；(d) 连接 0.6%

　　由图 4-4 可知，在掺纤维尾砂充填体失稳前，即使微裂纹周围伴随着应力集中现象，但此时短纤维能够有效地阻止裂缝的继续扩展。然而，随着应力的逐渐增大，微裂缝失稳形成宏观裂纹，则纤维类型和长度的差异性凸显，纤维抵消了更多的外力功，以实现抑制裂纹扩展增强充填体力学特性的作用。

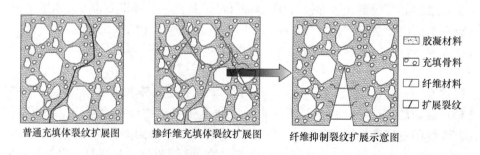

图 4-4　纤维尺寸阻止裂缝扩展示意图

4.2.3 纤维-充填基质界面结合性能

将纤维掺入胶结充填体，随着试件变形量的增加，纤维出现滑移、拔出、拉断等现象，进而消耗更多的能量，改善力学强度和抑制裂纹扩展。由于纤维纵横比很高，与普通砂浆类似，纤维-充填体基质的界面为薄弱区域，界面结构的特征不容忽视。

观察图 4-5 左侧 SEM 图像发现，纤维表面被大量水化产物颗粒包裹，改善了纤维与尾砂-水泥基体二者界面之间的结合性能，包括黏结强度和滑移引起的摩擦强度。此外，形成的连续聚合物有助于提高基体的致密程度，使得纤维不易被拉出，胶结充填体达到屈服状态时依然具有良好的韧性，因此，掺纤维充填体在峰值强度后完整性良好且没有散落的碎块。图 4-5 右侧分别为掺有聚丙烯纤维、聚丙烯腈纤维和玻璃纤维的胶结充填体样品界面行为的微观形态图。聚丙烯纤维属于粗纤维，表面变得凹凸不平，增加了与基体实际接触面积，进而提高了与基体滑移界面之间的摩擦应力。聚丙烯腈纤维属于柔性纤维，直径尺寸与聚丙烯纤维相当，其微观结构介于聚丙烯纤维和玻璃纤维之间；玻璃纤维极细且外表面光滑，几乎被水泥水化产物覆盖。由于玻璃纤维属于刚性纤维，相较于普通充填体 N-1∶6 样品孔隙率高，弱化了在脱粘过程中与充填体基质之间的化学黏结作用和摩擦作用。

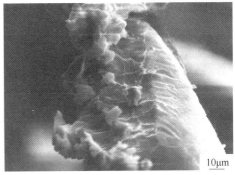

(a)

(b)

(c)

图 4-5　不同放大倍数下界面行为的微观形貌

（a）X-0.6-28d（左：纤维-基质界面；右：聚丙烯纤维）；

（b）XJ-0.6-28d（左：纤维-基质界面；右：聚丙烯腈纤维）；

（c）B-0.6-28d（左：纤维-基质界面；右：玻璃纤维）

观察图 4-6 得知，纤维-充填基质界面的水化产物以胶状物为主，其组成主要包括水化硅酸钙 C-S-H、钙矾石 AF 和氢氧化钙 CH。图 4-6 为图 4-5 左侧 SEM 图中对应的充填体基质的微观形貌图。界面过渡区的微观结构特征与充填基质的密实程度存在关联，X-0.6 的充填基质较 XJ-0.6 和 B-0.6 的密实，内部的孔隙结构更少，胶凝产物以柱状的钙矾石晶体为主；B-0.6 的充填基质则相对疏松，胶凝产物以片状、层状的氢氧化钙晶体为主，可知水化产物组成影响了硬化浆体的性能。由图 4-7 可知，当养护龄期和纤维类型相同时，不同纤维掺量条件下充填体基质的微观形貌，在一定程度上反映了掺纤维充填体强度的变化趋势。总之，纤维-充填基质的界面特征差异决定了纤维与充填体之间相互黏合的坚固程度。

(a)　　　　　　　　　　(b)　　　　　　　　　　(c)

图 4-6　充填体基质内部的微观形貌

（a）X-0.6-28d；（b）XJ-0.6-28d；（c）B-0.6-28d

图 4-7　充填体基质内部的微观形貌

（a）X-0.3-28d；（b）X-0.6-28d；（c）X-0.9-28d

4.2.4　充填体基质能谱图分析

为了定量描述尾砂-水泥浆体中不同元素的含量，根据能谱图（见图 4-8）统计各个样品中 O、Ca、C、Si、Al、Mg 和 K 的质量分数，其结果如图 4-9 所示。

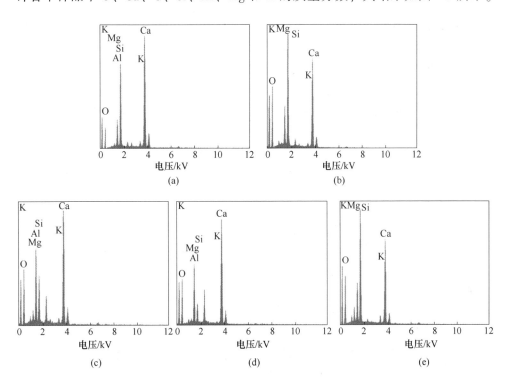

图 4-8　胶结充填体的能谱图

（a）N-1：4-28d；（b）N-1：6-28d；（c）X-0.6-28d；（d）XJ-0.6-28d；（e）B-0.6-28d

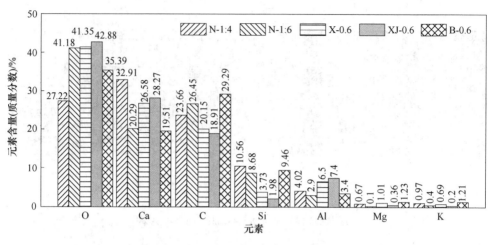

图4-9 尾砂-水泥浆体中不同元素的含量

由于氧元素是尾砂-水泥浆体的重要组成部分，所以氧元素的质量分数最高。胶结充填体 N-1 : 4、N-1 : 6、X-0.6、XJ-0.6 和 B-0.6 样品中的氧元素含量分别为27.22%、41.18%、41.35%、42.88%和35.69%。此外，Ca、Si 和 Al 是生成 C-S-H、CH 和 Aft 等胶凝产物的主要元素，其质量分数也相对较高，使得胶结充填体形成一定的强度。Mg 元素含量对早期强度的形成具有改善作用，对长期强度影响并不明显，其质量分数比则相对较低。此外，在胶结充填 N-1 : 4、N-1 : 6、X-0.6、XJ-0.6 和 B-0.6 样品中，（Ca + Si + Al + Mg + K）的总质量分数分别为49.13%、32.37%、38.51%、38.21%和34.81%，与其强度值大小表现一致。

4.3 CT 试样制备及测试结果

4.3.1 实验方案设计

当纤维大量掺入使用时，容易以束状或者团絮状形式存在，不仅增加了胶结充填体的孔隙结构，而且致使纤维在尾砂基质中呈现均匀分散的难度系数增加。例如，当纤维掺量为 0.9%时，胶结充填体料浆黏稠度提高，需要适当延长搅拌时间。因此，采用 φ50mm×100mm 的标准模具，设定料浆浓度为75%，灰砂比为1 : 6，养护龄期为14d。其中，聚丙烯纤维掺量为 0.3%、0.6%和 0.9%；聚丙烯腈纤维掺量为 0.3%和 0.6%；玻璃纤维掺量为 0.3%和 0.6%。另外制备了普通充填体 N-1 : 6，作为对照组别，试件编号与上述文中达成统一格式。一共 8 组，每组试样制备四个，放入恒温恒湿的 YH-40B 标准养护箱；待 48h 以后拆模。当养护到设定的龄期，将试件进行上下端面的磨平处理。为了尽可能保证胶结充填体在压缩前后进行 CT 扫描时的完整性，便于观察破坏前后裂隙发展的规律，防止细小碎块轻易脱落的现象，采用透明的热缩膜进行包裹，如图4-10（a）所示。由于热缩膜仅提供微弱的外部约束力，在后期实验结果分析过程中可忽略不计。设定加载速率为0.5mm/min，设备型号为WDW-100电子万能试验机，如图4-10（b）所示。从制备的每组胶结充填体扫描测试试件中选取两个，共16个试件。在扫描装置的旋转盘上分为上下两层进行摆放，并保证两层试件的平整度和垂直度，如图4-10（c）所示。

（a）   （b）   （c）

图4-10　CT扫描实验

（a）充填体试样；（b）试样加载；（c）试样摆放

4.3.2　测试设备和原理

CT实验设备为北京固鸿科技有限公司的小焦点工业，如图4-11（a）所示。由于不同密度的材料对X射线的吸收率存在很大差别，为了获得相对完整的扫描结果，采用面振探测系统。该系统由X射线源分系统、X射线机头、面阵探测器分系统、扫描装置分系统、重建检查分系统、扫描控制分系统组成，如图4-11（b）所示。

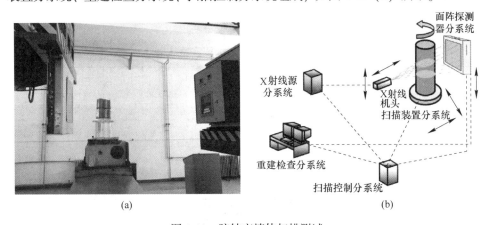

（a）   （b）

图4-11　胶结充填体扫描测试

（a）CT设备；（b）测试系统示意图

CT 设备射线源能量为 6MeV，可检测的最大等效钢厚为 196mm，最佳的空间分辨率为 3Lp/mm，本次实验过程中每 0.5 度采集一次投影，共采集了 720 次投影。X 射线穿过测试物体后被面振探测器接收，存储射线衰减强度表征参数，然后采用图像处理软件进行后续结果分析，研究不同条件断面的图像并进行充填体试件三维重构，揭示掺纤维充填体内部裂纹的演化过程和纤维增强作用机理，如图 4-12 所示。

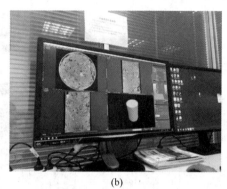

(a)   (b)

图 4-12   扫描测试和数据处理

（a）系统控制中心；（b）图像处理软件

4.3.3   加载测试实验结果

表 4-1 为 CT 扫描充填体试件单轴压缩的测试结果，得知掺纤维充填体的抗压强度效果优于普通充填体 N-1∶6，且聚丙烯纤维的增强效果最好。当纤维掺量为 0.3%、0.6% 和 0.9% 时，充填体的单轴抗压强度分别为 2.458MPa、2.696MPa 和 2.161MPa。通过与上述单轴压缩实验结果对比得知，本次实验结果具有可靠性，符合掺纤维充填体的抗压力学特性。

表 4-1   胶结充填体的加载实验结果

编号	高度/mm		峰值荷载/kN	抗压强度/MPa	应变/%	
	压缩前	压缩后			峰值点	终点
N-1∶6	90.20	87.82	4.074	2.076	1.048	2.634
X-0.3	90.85	87.42	4.823	2.458	1.508	3.878
X-0.6	91.18	87.94	5.291	2.696	1.696	3.352
X-0.9	93.51	89.21	4.240	2.161	2.350	4.596
XJ-0.3	91.89	89.30	4.688	2.389	1.310	2.820

编号	高度/mm		峰值荷载/kN	抗压强度/MPa	应变/%	
	压缩前	压缩后			峰值点	终点
XJ-0.6	92.24	89.34	4.979	2.537	1.369	3.145
B-0.3	94.64	91.51	4.602	2.345	1.549	3.485
B-0.6	94.78	91.42	4.154	2.117	2.104	3.441

由于养护龄期为 14d，CT 扫描试件的应力-应变曲线与 28d 养护龄期的曲线十分相似，如图 4-13 所示。观察图 4-13 发现，普通充填体 N-1∶6 的峰值应变最小，当掺加同一种纤维时，峰值应变随着纤维掺量的增加逐渐增大。例如：掺纤维充填体 X-0.3、X-0.6 和 X-0.9 的峰值应变分别为 1.508%、1.696% 和 2.350%。此外，由加载实验初期的应力-应变曲线可知，充填体 N-1∶6 和 X-0.3 在出现小加载位移时（此时应变小于 0.1%），其应力-应变曲线则呈现上升趋势；充填体 X-0.9 和 B-0.6 的应力-应变曲线出现上升趋势时，此时其应变均大于 0.4%。

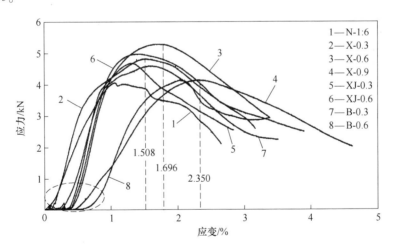

图 4-13 扫描试件的应力-应变曲线

4.4 掺纤维尾砂充填体损伤细观表征

4.4.1 灰度特征统计

采用原始 CT 扫描数据形成各个试件的二维图像，将其转换为 8 位图，此时灰度代指图像中颜色的深度范围0~255，白色为255，黑色为0。经过消除背景干扰的图像，缺陷基本趋向于黑色，充填体实体趋向于不同程度的白色。通常情况下，图像的灰度值越大，意味着对应物质的相对密度越大。本次扫描试件的材料密度分别为：充填体2000kg/m³，聚丙烯和聚丙烯腈纤维910kg/m³，空气1.29kg/m³。其中，空气密度可以忽略，设定为零。

图4-14为掺纤维充填体CT图像的灰度值分布状况。观察图4-14可以发现，充填体X-0.9在压缩前具有一定的孔隙结构；单轴压缩后仅有部分孔隙呈现闭合状态，体积较大的孔隙结构依然存在，同时试件的损伤破坏产生了宏观尺度的裂缝。沿着图像中虚线的灰度值分布曲线如下所示，同一条横线上不同位置点的灰度值不同，且差异显著；可知缺陷结构影响了灰度值分布曲线的走势。图4-14（a）横线在孔隙处，灰度值最小降低为201；图4-14（b）横线在裂缝处，灰度值最小降低为146；除缺陷结构位置点，其余的总体分布比较均匀，说明灰度值的变化与掺纤维充填体内部细观结构具有一致性。

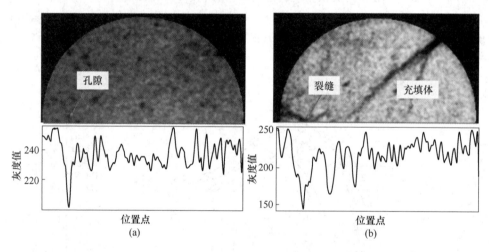

图4-14 灰度值分布状况
（a）压缩前；（b）压缩后

考虑到充填体试件本身存在一定的沉降高度，以及压缩前的端面磨平，试件高度基本为93mm；试件压缩后基本为90mm。因此，以上端面作为基准面，分别统计第60层、160层、260层、360层、460层和560层，每层间隔为0.15mm。为了更好地分析不同层数二维图像的灰度值，采用区域平均灰度值进行分析和评价，即轮廓曲线内部灰度值总和除以像素之和。首先，去除原始CT图像中存在的噪点；然后，采用离散函数$f(x, y)$统计一副二维CT图像的灰度值，求取平均值（见式（4-1））。表4-2和表4-3为不同层数的灰度值分布统计表。图4-15为不同层数的灰度值分布统计曲线。

即
$$f(x, y) = \begin{pmatrix} f(1, 1) & \cdots & f(1, n) \\ \vdots & \ddots & \vdots \\ f(m, 1) & \cdots & f(m, n) \end{pmatrix} \tag{4-1}$$

式中，$f(x, y)$ 为各个像素点的灰度值；$x(1 \leqslant x \leqslant m)$ 和 $y(1 \leqslant y \leqslant n)$ 分别为各个像素点所在的行和列。

表 4-2　不同层数的灰度值统计（压缩前）

层数	N-1∶6	X-0.3	X-0.6	X-0.9	XJ-0.3	XJ-0.6	B-0.3	B-0.6
60	240.86	243.25	242.73	241.10	242.88	242.35	242.21	240.15
160	240.99	242.23	241.73	241.52	242.88	241.86	241.83	240.04
260	240.63	242.38	242.02	241.14	243.04	242.37	241.92	239.15
360	240.95	242.56	242.26	241.62	242.81	242.06	241.77	240.09
460	240.54	242.44	241.83	240.97	242.46	242.02	241.39	240.38
560	240.27	242.04	242.28	241.85	242.52	242.45	241.32	239.93

表 4-3　不同层数的灰度值统计（压缩后）

层数	N-1∶6	X-0.3	X-0.6	X-0.9	XJ-0.3	XJ-0.6	B-0.3	B-0.6
60	235.73	237.27	237.39	235.16	232.94	236.49	236.49	234.86
160	231.39	231.02	233.32	232.43	232.22	236.24	233.52	232.68
260	228.77	230.92	232.18	232.95	233.09	236.73	233.10	231.43
360	229.92	233.10	233.45	233.54	234.75	234.60	234.43	233.61
460	231.52	235.49	233.18	234.56	236.47	233.53	234.25	233.21
560	233.28	237.46	234.46	233.78	237.94	234.77	236.26	235.79

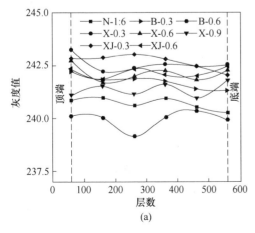

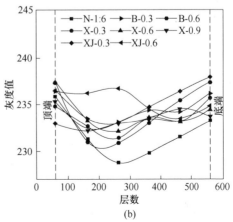

(a)　　　　　　　　　　　　(b)

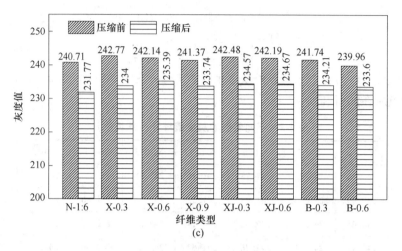

图 4-15 灰度值分布统计

(a) 压缩前；(b) 压缩后；(c) 灰度平均值

掺纤维充填体在压缩前的各层灰度值分布统计曲线变化幅度较小，说明掺纤维充填料浆搅拌均匀，及实验采用的试样内部结构的均匀性良好，降低了结构差异性对单轴压缩过程中受力分布情况的影响，如图 4-15（a）所示。普通充填体 N-1∶6 的灰度值小于掺纤维充填体的灰度值（试件 B-0.6 除外），说明纤维掺量在合理范围内可以提高充填体的密度，改善其结构性能。然而，试件 B-0.6 在第 260 层时，灰度值突然降低，说明在此处存在宏观尺度上的孔隙。当掺纤维充填体压缩后，由顶端到底端的灰度值分布统计曲线呈现先减小后增大的趋势，如图 4-15（b）所示。究其原因与破坏形式和裂纹分布具有密切关系，例如宏观裂纹并没有贯穿整个试件的上下端面。但作为试件中间部位的第 160 层、260 层、360 层和 460 层，破坏效果比较严重。如图 4-15（c）所示，试件压缩前的灰度平均值高于 240，压缩后的灰度平均值基本为 230，各个试件的灰度平均值均减小。由此可知：即使微孔隙的闭合能够提高试件的均匀性，但相对于宏观裂缝对灰度值的影响，微孔隙影响作用十分有限。其中，普通充填体 N-1∶6 的灰度值最小，意味着该充填体试件破坏程度最严重。当掺加同一种纤维时，随着纤维掺量的增加，试件压缩前灰度平均值减小，说明掺纤维充填体内部孔隙结构增多。

4.4.2 二维图像缺陷分析

根据图 4-14 中掺纤维充填体压缩前后的灰度值分布统计发现，充填体实体结构的灰度值均大于 220，裂缝和宏观孔隙结构的灰度值均小于 200。由于 CT 图像中的每一个像素点都代表着试件上一个特定的单元体，因此图像分割处理步骤非常重要，有助于突出感兴趣区域，影响后续图像信息分析。图 4-16 为掺纤维充填体 X-0.3（压缩后）二维图像分割后的二值化处理结果，对整幅图像采用 Otsu 算法进行自适应调整，确定两个阈值 T1 和 T2，分割出充填体实体、纤维连接处和裂缝共 3 个部分。其中黑色代表被指定的对象，白色代表被排除在特定对象外的区域。

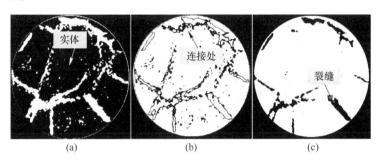

图 4-16　二维图像分割

（a）实体；（b）连接处；（c）裂缝

4.4.2.1　一般观察

考虑到掺纤维充填体压缩前的密实性，图像分割过程中仅设置一个阈值，将其分割为孔隙和实体结构，然后进行逆向彩虹方式的彩色渲染，如图 4-17 所示。观察图 4-17 发现，充填体 N-1：6 和 X-0.3 几乎不存在孔隙和孔洞缺陷，试件 X-0.9 却出现了不同尺寸的孔洞。结合图 4-13 得知，试件内部的立体结构形式影响了加载实验初期应力-应变曲线的变化趋势，但因为最终的加载应变值并不相同，

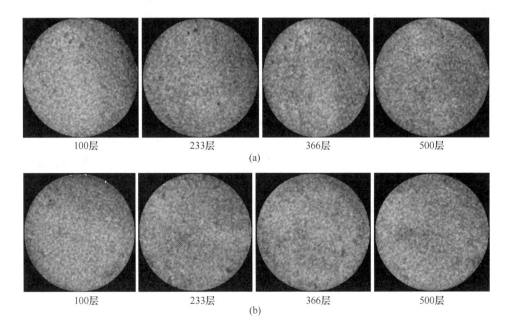

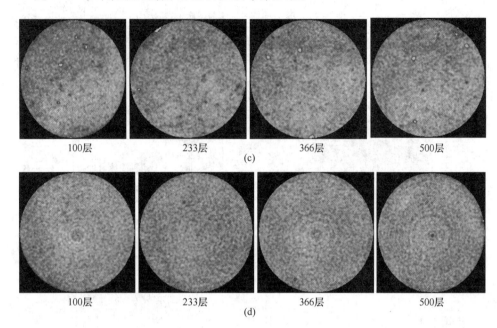

图 4-17 不同扫描层压缩前的二维图像

(a) X-0.3；(b) X-0.6；(c) X-0.9；(d) N-1∶6

势必对破坏形式及损伤特性有一定的影响。因此，在三维重构和后续数值模拟阶段需要进一步的分析。

针对掺纤维充填体压缩后的原始 CT 图像，采用图 4-16 中的图像处理方法，将其分割为 3 个部分，不同扫描层的二维图像如图 4-18 所示。由图 4-18 得出以下结论：

(1) 压缩过程改变了充填体内部的物体特性，例如密度水平及其分布。

(2) X-0.3 的最终破坏裂纹并没有延伸到底部，其他试件在 Z 方向上的裂纹分布差异并不大。

(3) X-0.9 的二维图像说明其破坏程度小于充填体 X-0.3 和 X-0.6，且压缩后依然存在没有闭合的孔洞；此外，X-0.9 的终点应变值为 4.596%，峰值强度为 2.161MPa，与试件 X-0.3 和 X-0.6 相比较，终点应变值提高了 18.5% 和 37.1%，但峰值强度却降低了 12.08% 和 19.84%。由此说明 X-0.9 压缩前的内部结构影响到了承载能力，合理的纤维掺量确定是十分必要的。

(4) 尽管试件 N-1∶6 的二维图像中标注了连接处，但作为对照组别的普通充填体并没有掺加纤维，因此该部分构成与掺纤维充填体存在本质区别。相同点为连接处部分都没有真正的断裂，且灰度值和密度小于试件其他部分；不同点为掺纤维充填体在连接处能够观察到纤维的客观存在，说明纤维具有抑制充填体裂纹生成和扩展的作用。

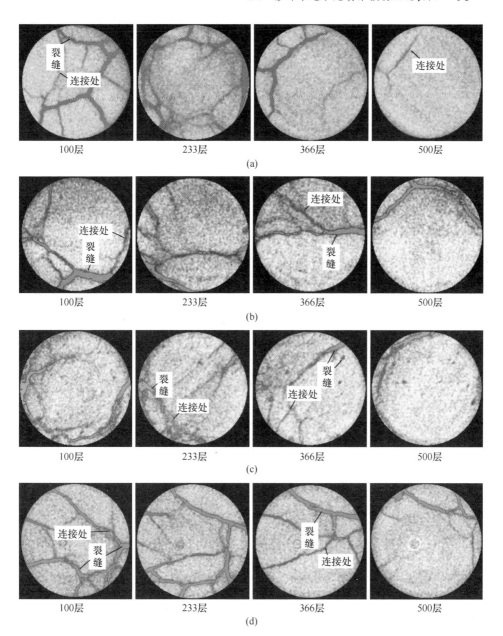

图 4-18 不同扫描层压缩后的二维图像

(a) X-0.3；(b) X-0.6；(c) X-0.9；(d) N-1：6

4.4.2.2 基于 CT 图像的破裂程度分析

定义裂缝占整个 CT 图像像素点的百分比为裂缝百分比 K_1，充填体实体占整个 CT 图像像素点的百分比为实体百分比 K_2。采用 Image J 软件处理充填体在 Z

方向不同高度的扫描图像，然后根据设定的参数 K_1 和 K_2 对充填体进行破裂程度的定量性评价。不同扫描层的破裂程度统计如表4-4所示。

表4-4 不同扫描层的破裂程度统计

Z 方向高度/mm	N-1∶6		X-0.3		X-0.6		X-0.9	
	K_1/%	K_2/%	K_1/%	K_2/%	K_1/%	K_2/%	K_1/%	K_2/%
78	8.43	83.48	7.40	86.90	5.53	89.05	5.75	86.72
72	6.69	83.65	8.43	81.21	6.50	85.73	4.71	83.98
71	6.29	82.31	7.91	81.34	5.34	86.04	3.72	84.88
63	6.94	78.99	6.39	78.91	4.02	84.42	3.01	87.07
56	8.35	80.94	6.05	80.06	4.38	84.87	3.49	85.06
50	8.82	81.5	6.19	80.55	4.78	87.31	2.99	88.11
48	8.82	81.08	6.33	82.24	4.43	86.77	2.52	88.10
41	6.77	83.41	5.00	85.28	3.09	87.66	2.98	87.38
33	5.65	85.05	3.50	89.10	4.20	87.91	2.91	86.89
27	4.86	86.79	2.55	91.64	3.42	87.12	2.59	87.63
26	4.75	86.65	2.64	91.80	3.02	88.97	2.61	89.18
18	4.09	86.55	1.14	93.56	2.67	89.75	3.84	88.77
11	3.61	88.51	0.63	95.68	4.03	89.50	3.03	90.34
平均值	6.47	83.76	4.94	86.02	4.26	87.32	3.40	87.24

由图4-19可以看出，当 Z 方向高度小于30mm 时，除充填体 X-0.3 的 K_1 值出现了大幅减小。其他试件在高度 11~78mm 范围内，裂缝百分比 K_1 值分布较为均匀。由图4-20可知，随着纤维掺量由零增加至 0.9% 时，裂缝百分比 K_1 值分别为 6.47%、4.94%、4.26% 和 3.4%，充填体 X-0.3、X-0.6 和 X-0.9 的 K_1 值依次降低了 23.6%、34.2% 和 47.4%。当纤维掺量为 0.9% 时，充填体的 K_1 值降低了 47.4%，意味着最终裂缝体积几乎减小了 50%。由此可见，普通充填体 N-1∶6 的 K_1 值均高于掺聚丙烯纤维充填体的定量值 K_1，以及掺加纤维能够有效地改善充填体试件的抗裂性能。另外，充

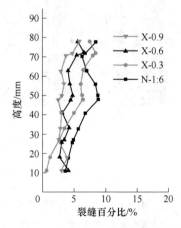

图4-19 不同高度充填体的
裂缝百分比

填体的 K_2 值分别为 83.76%、86.02%、87.32% 和 87.24%，X-0.3、X-0.6 和 X-0.9 的 K_2 值依次提高了 2.69%、4.25% 和 4.15%，说明纤维掺量并不是越大越好，但 K_2 值与充填体试件的峰值强度呈现正相关关系。

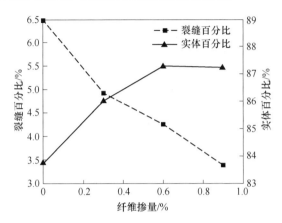

图 4-20　破裂程度与纤维掺量的关系曲线

4.4.3　三维重构模型孔裂隙结构分析

根据上述特定扫描层的二维图像结果分析，发现仅通过二维图像判定研究对象的内部立体结构，受到丢失三维空间信息的干扰和制约，很难做到客观和准确。因此，基于三维重构的理论和算法，完成胶结充填体的三维数字建模，直观的展示三维空间内部孔隙、裂纹的精确位置和形态，为定量研究掺纤维充填体损伤演化过程奠定基础。

4.4.3.1　三维模型的构建过程

充填体三维重构模型的构建过程如图 4-21 所示。三维重构是将获取的一系列二维图像数据进行叠加，并采用插值计算法转换为三维数据，最终以三维立体结构的图像形式展现结构信息。其中，每一个节点对应的空间坐标为（$i×V_X$，$j×V_Y$，$z×V_Z$）。三维重构的重点即求取每一个节点的三维坐标及与自身体素相邻的八个节点之间的对应关系。采用专业的图像分析 VG 软件，首先调整 X 射线源系统的位置参数，结合重构模块建立完整的扫描试件重构，然后进行图像分割和单个试件的体积分割，并进行彩色渲染效果展示。

4.4.3.2　压缩前孔结构的定量和表征

基于 VG 软件中的分割模块和三维重构模块，采用快速分水岭算法识别每个孔隙、微裂纹的边界，结合缺陷分析统计表定量统计孔隙、裂纹的体积尺寸和空

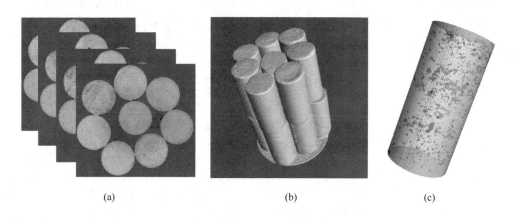

图 4-21　三维重构模型图

（a）原始横剖面图；（b）三维模型；（c）分割结果

间分布等参数，如缺陷的体积、体素、表面积、位置投影、球度、紧密度等。然后，获取缺陷结构的中轴线，并结合形态学细化算法定义孔隙，即以球体表征孔隙，根据球体体积计算单个孔隙的等效直径。

即
$$\phi = \frac{\sum V_{\text{PORE}}}{V} \times 100\% \tag{4-2}$$

$$D = \sqrt[3]{6V_{\text{PORE}}/\pi} \tag{4-3}$$

式中，ϕ 为充填体的孔隙度，%；V_{PORE} 为充填体孔隙的体积，mm^3；V 为充填体的体积，mm^3；D 为等效直径，mm。

充填体压缩前的三维重构模型如图 4-22 所示，其孔隙结构参数统计表如表4-5 所示。其中，最大孔隙结构采用数字在各个模型中进行标识。

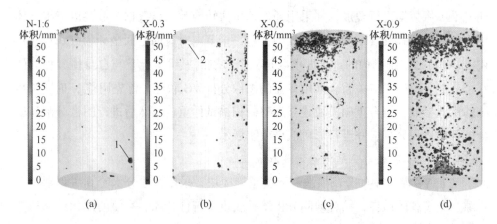

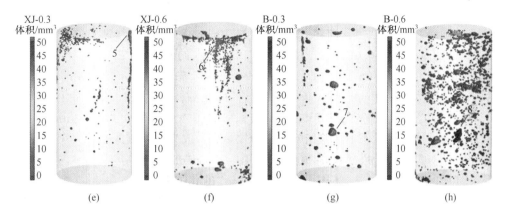

图 4-22 充填体压缩前的三维重构模型

表 4-5 压缩前的孔隙结构参数统计

编号	孔隙体积/mm³					最大孔隙		孔隙总体积 /mm³	φ/%
	0~10	10~20	20~30	30~40	40~50	V_{PORE}/mm³	D/mm		
N-1:6	15.82	10.25				10.25	2.70	26.07	0.02
X-0.3	41.76					7.05	2.38	41.76	0.03
X-0.6	176.9					7.17	2.39	176.90	0.12
X-0.9	478.4	29.14	45.4			23.29	3.54	552.91	0.36
XJ-0.3	117.3	18.41				18.41	3.28	135.66	0.09
XJ-0.6	138.1	40.67	27.36			27.36	3.74	206.12	0.14
B-0.3	164.4	31.84		33.22		33.22	3.99	229.49	0.15
B-0.6	815.4	118.71	49.61		48.63	48.63	4.29	1032.35	0.66

根据图 4-22 和表 4-5 可知：

（1）CT 扫描测试中能够检测到的最小缺陷体积为 0.05mm³，即等效直径为 0.213mm，其尺寸已经足够小。

（2）充填体 N-1:6 的孔隙度最小（为 0.02%），孔隙总体积为 26.07mm³，说明其内部结构的完整性最好。

（3）充填体 X-0.3、X-0.6、X-0.9、XJ-0.3 和 XJ-0.6 的孔隙度分别为 0.03%、0.12%、0.36%、0.09% 和 0.14%。

（4）充填体 B-0.3 和 B-0.6 的孔隙度分别为 0.15% 和 0.66%，最大的孔隙分别标识为 7 和 8，均位于充填体的中间部位，且尺寸偏大，分别为 33.22mm³ 和

48.63mm³，远大于其他试件孔隙尺寸。

由图 4-23 可知，当孔隙体积范围为 0~10mm³ 时，编号为 N-1：6、X-0.3、X-0.6、XJ-0.3、XJ-0.6、B-0.3 和 B-0.6 充填体的孔隙所占百分比依次为 60.69%、100%、100%、86.52%、86.43%、67%、71%、65% 和 78.98%；当孔隙体积范围为 10~20mm³ 时，各充填体试件的孔隙体积百分比依次为 39.31%、0、0、5.27%、13.57%、19.73%、13.87% 和 11.5%。说明尺寸为 0~10mm³ 的孔隙占充填体初始状态下缺陷结构的百分比最高，成为对充填体初始力学特性贡献最大的对象。由于尺寸为 0~10mm³ 和 10~20mm³ 范围内的孔隙几乎占据了孔隙总体积的全部，同时，体积尺寸大于 20mm³ 的孔隙部分基本由 1~2 个大孔隙组成。因此，体积小于 20mm³ 的孔隙为充填体内部结构研究的重点，其余的孔隙结构需要单独分析。

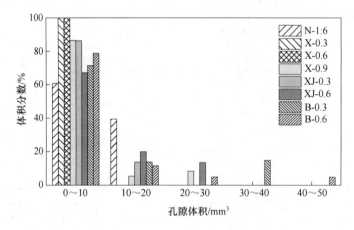

图 4-23　不同尺寸孔隙体积分数的分布直方图（压缩前）

由图 4-24（a）可知，随着纤维掺量的增加，胶结充填体的孔隙度逐渐增大。其中，普通充填体 N-1：6 的孔隙度最小。充填体 X-0.3、XJ-0.3 和 B-0.3 的孔隙度分别是 N-1：6 的 1.5 倍、4.5 倍和 7.5 倍。当纤维掺量为 0.6% 时，充填体 X-0.6 与 XJ-0.6 的孔隙度差值为−0.02%，但相较于充填体 X-0.3 和 XJ-0.3，分别增加了 0.09% 和 0.05%。说明掺聚丙烯纤维充填体的内部结构优于掺聚丙烯腈充填体。此外，当纤维掺量相同时，掺玻璃纤维的充填体具有的孔隙度相对偏高，说明掺玻璃纤维充填体的内部结构最差。

观察图 4-24（b）发现，尽管普通充填体 N-1：6 的孔隙度最小，说明试件完整性最好，但抗压强度明显低于掺纤维充填体的强度值。另外，随着孔隙度的逐渐增大，充填体 X-0.3、X-0.6 和 X-0.9 的抗压强度遵循先增大后减小的变化规律，充填体 XJ-0.3 和 XJ-0.6 的抗压强度呈现逐渐增大的趋势，即当纤维掺量由 0.3% 增加至 0.6% 时，掺聚丙烯纤维和聚丙烯腈纤维充填体的抗压强度值并没有

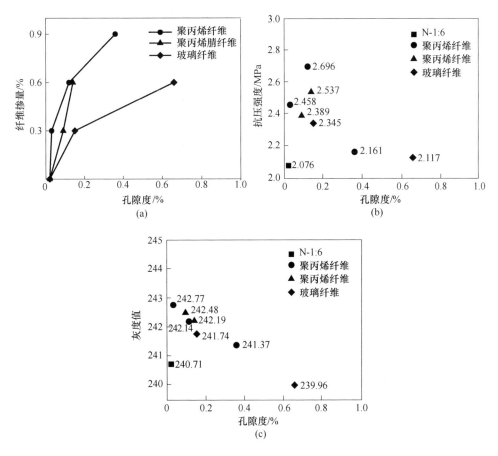

图 4-24 孔隙度与各参数的内在联系

（a）纤维掺量；（b）抗压强度；（c）灰度值

随着孔隙度的增加而降低。其中，最大的孔隙度为 0.14%（XJ-0.6），X-0.6 和 XJ-0.6 的强度值分别增加了 0.238MPa 和 0.14MPa。但是，充填体 B-0.3 和 B-0.6 的抗压强度则逐渐减小。由此可知，当孔隙度小于某一特定值时（假设临界值为 0.2%），掺纤维充填体的强度受到内在结构完整性的影响作用较小。但针对整个掺纤维充填体组别而言，充填体的抗压强度依然遵循随着孔隙度的增大而逐渐降低的变化规律。

观察图 4-24（c）发现，普通充填体 N-1：6 的灰度值小于掺纤维充填体的灰度值（试件 B-0.6 除外）。同时，随着孔隙度的增大，掺纤维充填体的灰度值逐渐减小。由此可知，纤维掺量对充填体的孔隙度和灰度值的影响作用是截然相反的，即掺纤维充填体的孔隙度和灰度值之间存在负相关关系。

根据图 4-25 中加载初期的应力-应变曲线的变化趋势，将其分为三组：第一组包括 N-1∶6 和 X-0.3，其孔隙度分别为 0.02% 和 0.03%，小于其他充填体试件的孔隙度，且二者呈上升趋势的应变值也最小；第二组包括 X-0.6、XJ-0.3、XJ-0.6 和 B-0.3，该组别充填体的应力-应变曲线呈上升趋势的应变值（小于 0.4%）较相近。其中，充填体 B-0.3 的初始应变值最小。根据构建的三维模型可知，B-0.3 中存在 7 号宏观尺寸孔隙。假若该孔隙结构不存在，则充填体 B-0.3 的孔隙度则为 12.48%。此外，充填体 X-0.6、XJ-0.3 和 XJ-0.6 的孔隙总体积分别为 206.12mm³、135.66mm³ 和 176.90mm³，与其应力-应变曲线上升的先后顺序一致；第三组包括 X-0.9 和 B-0.6，其三维重构模型的内部结构最差。由此可知，充填体内部结构的初始缺陷不仅影响了试件整体的完整性和均匀性，而且影响着宏观力学行为的显现。

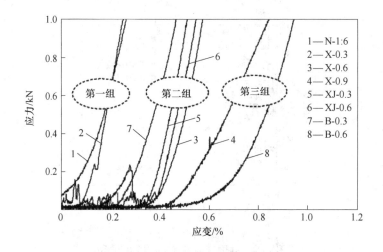

图 4-25　胶结充填体加载初期的应力-应变曲线

4.4.3.3　压缩后裂隙结构的量化分析

胶结充填体压缩后的三维重构模型如图 4-26 所示，其裂隙结构参数统计如表 4-6 所示。根据图 4-26 和表 4-6 可知，N-1∶6、X-0.3、X-0.6、X-0.9、XJ-0.3、XJ-0.6、B-0.3 和 B-0.6 充填体压缩后的损伤值依次为 3.75%、3.12%、2.93%、2.42%、3.30%、3.26%、2.41% 和 1.41%；其损伤体积主要由尺寸大于 1000mm³ 的裂隙结构组成，该尺寸裂隙的损伤百分比依次为 92%、94.92%、90.68%、88.05%、94.28%、85.04%、86.18% 和 0；同时，此类裂隙大都由一组宏观裂纹组成，贯穿了试件的上下端面，形成了各组试件的主要破坏形式。其中，充填体 X-0.9 和 B-0.6 的损伤结构比较特殊，X-0.9 的宏观裂隙由体积为 1045.01mm³ 和 1537.35mm³ 的两组裂纹组成，B-0.6 的宏观裂隙主要由体积为 480.58mm³ 和 575.62mm³ 的两组裂纹构成。

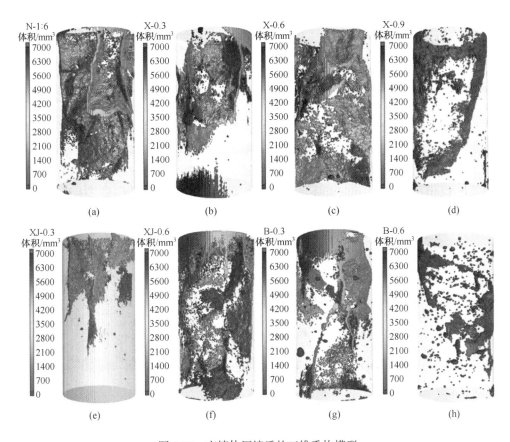

图 4-26 充填体压缩后的三维重构模型

(a) N-1∶6; (b) X-0.3; (c) X-0.6; (d) X-0.9; (e) XJ-0.3; (f) XJ-0.6; (g) B-0.3; (h) B-0.6

表 4-6 压缩后的裂隙结构参数统计

编号	损伤百分比/%					三维体积/mm³	损伤体积/mm³	损伤值/%
	0~10	10~50	50~100	100~1000	>1000			
N-1∶6	2.30	0.49	—	5.20	92.00	145874.3	5465.30	3.75
X-0.3	2.90	—	2.18	—	94.92	145209.9	4523.80	3.12
X-0.6	4.11	0.44	1.62	3.14	90.68	146073.6	4283.26	2.93
X-0.9	7.36	2.66	1.94	—	88.05	148183.2	3580.61	2.42
XJ-0.3	5.42	0.30	—	—	94.28	148332.7	4896.48	3.30
XJ-0.6	6.57	—	—	8.39	85.04	148399.1	4836.45	3.26
B-0.3	5.35	2.03	1.94	4.50	86.18	152003.6	3677.90	2.42

编号	损伤百分比/%					三维体积/mm³	损伤体积/mm³	损伤值/%
	0~10	10~50	50~100	100~1000	>1000			
B-0.6	25.16	10.83	2.96	61.05	—	151854.1	2137.00	1.41

其次，充填体 N-1∶6 的损伤值最高，破坏形式为拉伸破坏；X-0.3 的宏观裂纹没有延伸至下端面，内部存在沿轴向的若干个剪切面，以及下端面附近存在一条轴向拉伸面；X-0.6 和 X-0.9 的宏观裂纹不仅贯穿了上下端面，且沿主裂纹的破坏形态明显；X-0.6 的破坏形式为剪切破坏，X-0.9 内部形成了相互连接的一个剪切面和一个拉伸面；XJ-0.3 内部的破坏裂纹同样没有延伸至底端面，且上部破损严重，有一个体积为 3771.06mm³ 的宏观裂纹；XJ-0.6 的内部存在一条剪切的宏观裂纹和若干条拉伸面。

由图 4-27（a）可知，随着纤维掺量的增加，掺纤维充填体的损伤值逐渐降低。其中，当纤维掺量由零增加至 0.6% 时，X-0.3 和 X-0.6 的损伤值分别减小了 16.85% 和 21.74%；而 XJ-0.3 和 XJ-0.6 的损伤值分别减小了 11.89% 和 13.01%。但根据图 4-26 中压缩后的三维重构模型可知，B-0.3 和 B-0.6 内部的损伤体积偏小，其最终的损伤值可能受到了试件初始缺陷的影响，当损伤值达到 2.41% 和 1.41% 时则发生破坏。

由图 4-27（b）可知，普通充填体 N-1∶6 的损伤值最大，其值为 3.75%，灰度值则最小，其值为 231.77。掺聚丙烯纤维和聚丙烯腈纤维充填体的灰度值随着损伤值的增大相对减小，其中 X-0.6 压缩后的灰度值最高。掺玻璃纤维充填体 B-0.3 和 B-0.6 的灰度值分别为 234.21 和 233.6，低于其他掺纤维充填体的灰度值。

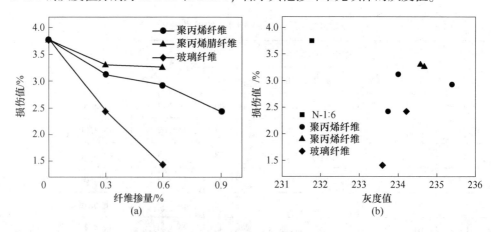

图 4-27   胶结充填体压缩后损伤的关联性

（a）纤维掺量；（b）灰度值

4.5 本章小结

本章通过开展掺纤维充填体的电镜扫描和 CT 测试实验，结合二维图像处理软件、三维重构模型技术进行细观力学特性研究，得到以下有益结论：

（1）纤维被大量水化产物包裹和充填体基体呈连续致密结构，提高了两种介质之间的相互作用，使得峰后依然具有良好的韧性。此外，纤维直径、表面形态、与基体界面之间的黏结力，是影响纤维脱粘、摩擦力学行为，以及纤维增强充填体破坏特征的重要因素。

（2）灰度值的变化趋势反映了掺纤维充填体内部的细观结构。当纤维掺量控制在合理范围内时，提高了压缩前充填体的密度分布，改善了其结构性能；压缩后各试件的平均灰度值均减小，说明微孔隙的闭合相对于宏观裂纹对灰度值的影响作用显得十分有限。

（3）充填体实体结构的灰度值均大于 220，裂缝和孔隙结构的灰度值均小于 200，纤维连接处的灰度值处于二者之间；根据二维图像分割结果可知试样内部的初始缺陷结构影响了加载实验初期应力-应变曲线的变化趋势，掺纤维充填体的 K_1 值小于普通充填体，K_2 值大于普通充填体，且 K_2 值与充填体峰值强度呈现正相关。

（4）当纤维掺量由零增加至 0.9% 时，胶结充填体压缩前的孔隙度逐渐增大；尺寸为 $0 \sim 10\text{mm}^3$ 的孔隙占初始状态下缺陷结构的百分比最高，不仅影响了试件整体的完整性和均匀性，而且影响着宏观力学行为的显现。但掺纤维充填体的孔隙度和灰度值之间存在负相关关系；当孔隙度小于某一特定值时（临界点为 0.2%），掺纤维充填体的强度受到内在结构完整性的影响作用较小。

（5）随着纤维掺量的增加，掺纤维充填体压缩后的损伤值逐渐降低，说明掺加纤维能够有效的改善充填体的抗裂性能，提高充填体的完整性；其破坏形式受尺寸大于 1000mm^3 且贯穿上下端面的宏观裂纹决定。B-0.3 和 B-0.6 内部的损伤体积偏小，其最终的损伤值可能受到了试件初始缺陷的影响。

5 掺纤维尾砂充填体动力学特性实验研究

5.1 引　言

随着充填采矿法应用的普遍推广以及胶结充填体静态力学研究的日趋成熟，胶结充填体动态力学特性研究得到了重视。鉴于充填体力学强度特征，SHPB 冲击实验系统相较于摆锤冲击具有明显优势，能够充分获得高应变率冲击下的动态力学参数。然而以往研究主要围绕应力-应变曲线、峰值强度、变形特性和破坏模式等，获取的入反射波形特征与材料本身结构的关联往往被忽略。其次，掺纤维充填体的损伤类似于岩体，属于不连续、非线性的断裂过程，伴随着内部损伤逐渐演变为宏观裂纹（轻微破裂、破碎、粉碎）的现象。同时，结合高速摄像机和图像处理技术等手段辅助研究试样动态破坏过程的方法受到了广泛的认可。

因此，基于 SHPB 冲击实验和高速摄影技术，对非匀质复合材料的掺纤维充填体进行不同冲击速度的动态压缩实验。重点分析了掺纤维充填体的动态波形特征、动态强度和应变率效应以及破坏模式，建立了动态本构模型并通过实验曲线与拟合曲线对比进行模型的验证，以确保本构模型结果的真实性、可靠性。

5.2　试样制备方案及冲击设备

采用尺寸为 φ50mm×30mm 的自制板柱模具，制备霍普金森压杆冲击的充填体试样。设定灰砂比为 1∶6 和 1∶8，料浆浓度为 75%，纤维掺量分别为 0、0.3%、0.6% 和 0.9%，养护龄期为 28d，待到养护龄期后进行端面磨平处理。组别格式为灰砂比-浓度-纤维掺量。图 5-1 为 SHPB 冲击试验系统及测试过程。冲击设备为中国矿业大学（北京）的 SHPB 实验系统，主要由动力系统、撞击杆、输入杆、输出杆、吸收杆和测量记录系统组成。动力系统主要指高压氮气推动撞击杆（子弹）以均匀速度撞击输入杆。应变片贴在输入杆、输出杆距试件等距离的位置上，尽量减少黏合剂对传递信号的滞后影响，以及反射波对试件中应力平衡的干扰，因此，采用的应变片为高灵敏系数的半导体应变片 AF2-120；输入杆和输出杆长均为 2000mm，直径均为 50mm，两杆的弹性模量为 206GPa，密度为 7900kg/m³，纵波速度为 5065m/s；吸收杆长度为 1000mm，直径为 50mm。TST3000 采集系统可将数据各自独立存储，TST3406 高速高精度动态测试分析仪采集处理冲击波。高速摄像机 VW-600M 的分辨率为（640×480）像素，采用的帧频为 500FPS，拥有动态分析模块 VW-9000E，满足采集材料在动态破坏过程中图像的要求。

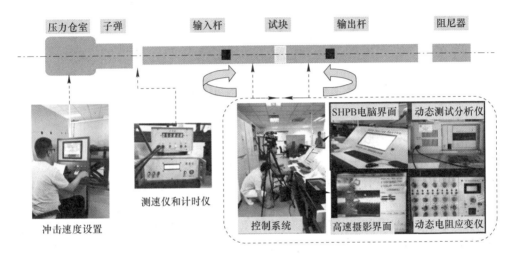

图 5-1　SHPB 冲击实验系统及测试过程

5.3　SHPB 冲击作用下的结果分析

5.3.1　掺纤维充填体的动态波形特征

考虑到冲击设备杆件尺寸（直径和长度）、试样尺寸效应（体积越大则内部裂隙离散性越高，相同应变率条件下强度较低），以及充填体沉降对冲击数据结果的影响。因此，采用直径 50mm 的冲击杆，试样高径比设定为 0.6。图 5-2 为波形采集器采集到的原始入射波、反射波和透射波的离散电压信号。相较于岩石试样而言，掺纤维充填体的原始数据存在大量的噪音现象。FFT 傅里叶函数滤波是通过滤除高频信号实现曲线的平滑，但 Savitzky-Golay 卷积平滑滤波算法通过对局部数据进行多项式回归，能够在保留原始信号的同时去除噪音干扰。另外，根据应力波理论对初始电压信号波形进行标定、起点选取，并运用 Matlab 软件将获得的电信号转换为应变信号。

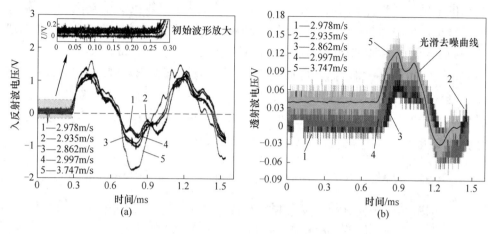

图 5-2 不同冲击速度下掺纤维充填体的离散电压信号
(a) 入反射波；(b) 透射波

由图 5-2 可知，入射波和反射波的幅值近似相等，但方向相反，而透射波的幅值相对较小。因为入射杆的弹性模量为 206GPa，密度为 7800kg/m³；充填体试样则属于软岩范畴，且密度小于 2000kg/m³，两者之间的波阻抗能力相差较大，应力脉冲大部分返回至输入杆，使其透射波幅值远小于入反射波，由此说明充填体对弹性波传播具有较强的阻尼和屏蔽作用。其次，随着冲击速度的逐渐增大，入反射波和透射波的电压幅值均得到提高，与横坐标围成的面积越大，说明冲击速度越大，入射能和反射能也相对增大。当冲击速度为 2.978m/s 和 2.935m/s 时，平均应变率为 35.969s⁻¹ 和 37.761s⁻¹；当冲击速度为 2.862m/s 和 2.997m/s 时，平均应变率为 47.828s⁻¹ 和 53.004s⁻¹；此时平均应变率相近的入反射波波形变化趋势更趋向于一致。

不同纤维掺量的胶结充填体在 3m/s 的冲击速度作用下，透射波波形的最大幅值和试样的峰值强度呈正相关，如图 5-3 所示。然而，透射波形状差异较大，掺纤维充填体透射波具有"双峰"现象，而普通充填体第二个波峰并不明显，且持续时间相对缩短。由于纤维的掺入使得充填体试样保留有"实芯"的完整性，延长了应力波的作用时间，减缓了应力波因裂隙萌发扩展而衰减的速度，能够反映出试样的破坏程度。例如：普通充填体 6-75-0 的破坏形式为"破碎"，掺纤维充填体 6-75-0.6 的破坏形式为"实芯"完整，外围"剥离破碎"。

采用应力平衡算法进行校正确保结果准确，以充填体 6-75-0.3 为例，当冲击速度为 2.997m/s 时，其入射波、反射波、透射波的持续时间是相对一致的，将入射波和反射波进行叠加得到的曲线与透射波的电压波形曲线呈现一致，如图 5-4 所示。冲击波波形和采用的应力波（半正弦波、矩形波）加载形式有关，入射波和反射波二者之间的时间间隔则与子弹长度、试样内部结构等有关，如

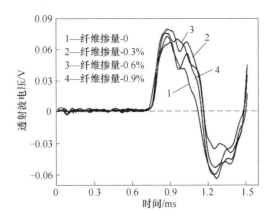

图 5-3　不同纤维掺量充填体的透射波形

图 5-5 所示。与岩体试样相比，入射波波峰时间延后，入射波和反射波的时间间隔相对延长。在同等冲击速度作用下，岩体应力波往返传播次数更高，容易实现两端面应力平衡，消除外界干扰效应。

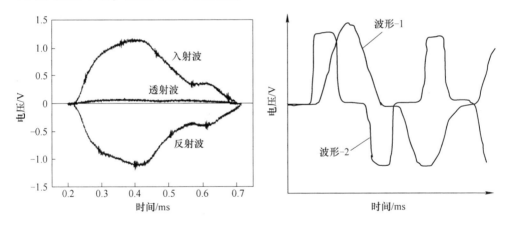

图 5-4　掺纤维充填体的应力波平衡校正　　　　图 5-5　典型的冲击波波形

　　由图 5-6 可知，实验采用矩形波加载方式时，通过增大充填体试样的灰砂比和养护周期，更容易获得相对稳定的入反射波（图 5-6 中充填体的灰砂比为 1∶4，料浆浓度为 75%，养护龄期为 90d）。由于没有添加纤维，胶结充填体内部结构的薄弱面相对较少，降低了同等条件下的波形噪声干扰。

5.3.2　动态强度及应变率效应

　　表 5-1 为掺纤维充填体的冲击实验参数统计结果。当冲击速度相近时（采用的骨料、胶结剂、纤维类别均相同），求取平均值并绘制图 5-7。

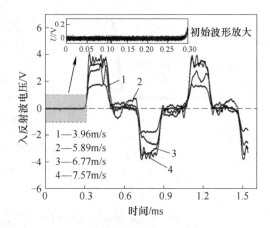

图 5-6 普通充填体的入反射波波形

表 5-1 掺纤维充填体的冲击实验参数统计

组别（高径比）	编号	高径比	密度 /g·cm⁻³	冲击速度 /m·s⁻¹	最高应变率 /s⁻¹	平均应变率 /s⁻¹	动态峰值应力 /MPa
	1	0.60	1.875	2.802	92.825	55.718	3.233
6-75-0 (0.59)	2	0.60	1.889	2.992	99.763	61.537	3.413
	3	0.59	1.854	3.224	87.343	57.726	3.471
	4	0.58	1.923	4.288	128.716	95.308	4.153
6-70-0 (0.52)	1	0.52	1.887	3.057	74.418	49.662	2.620
	2	0.53	1.875	3.160	124.874	78.680	2.765
8-75-0 (0.56)	1	0.58	1.863	3.212	106.954	63.76	2.380
	2	0.55	1.845	4.139	168.862	102.890	2.824
	3	0.54	1.827	4.322	168.862	107.581	3.473
	1	0.60	1.865	2.978	61.110	35.969	3.032
	2	0.60	1.842	2.935	61.272	37.761	2.917
6-75-0.3 (0.58)	3	0.58	1.879	2.862	78.222	47.828	3.159
	4	0.55	1.922	2.997	90.768	53.004	3.653
	5	0.55	1.841	3.747	135.709	85.508	3.981
	6	0.61	1.857	4.560	128.716	95.308	4.934

组别（高径比）	编号	高径比	密度 /g·cm⁻³	冲击速度 /m·s⁻¹	最高应变率 /s⁻¹	平均应变率 /s⁻¹	动态峰值应力 /MPa
6-70-0.3 （0.58）	1	0.61	1.786	3.895	85.849	51.024	2.861
	2	0.58	1.822	3.615	94.268	54.593	3.161
8-75-0.3 （0.57）	1	0.58	1.874	3.377	107.244	71.358	2.463
	2	0.58	1.862	4.304	145.307	89.468	3.198
	3	0.54	1.870	4.296	180.402	112.547	3.257
6-75-0.6 （0.62）	1	0.63	1.848	2.908	51.563	34.508	3.425
	2	0.62	1.793	3.158	77.532	45.374	3.377
	3	0.63	1.872	3.022	98.814	62.624	3.595
	4	0.61	1.855	3.535	76.980	46.111	3.234
	5	0.64	1.861	3.918	140.941	93.009	4.134
	6	0.60	1.872	4.480	130.533	93.995	4.376
6-70-0.6 （0.54）	1	0.55	1.812	3.952	157.039	106.194	3.270
	2	0.55	1.816	3.588	141.744	92.374	3.173
8-75-0.6 （0.58）	1	0.54	1.749	3.183	114.249	70.15	2.353
	2	0.59	1.79	3.266	101.88	64.755	2.408
	3	0.60	1.845	3.233	99.899	57.924	2.874
	4	0.56	1.859	3.554	91.664	57.761	2.995
	5	0.61	1.785	4.09	134.988	84.050	3.016
6-75-0.9 （0.64）	1	0.66	1.860	3.004	87.551	50.398	3.108
	2	0.61	1.861	3.566	95.308	69.281	3.523
	3	0.61	1.868	4.081	125.109	80.818	3.943
8-75-0.9 （0.55）	1	0.53	1.776	2.858	99.815	61.99	2.223
	2	0.57	1.760	2.996	93.606	54.017	2.452
	3	0.58	1.767	4.519	172.296	98.573	3.125
	4	0.54	1.737	4.646	173.126	97.502	3.763

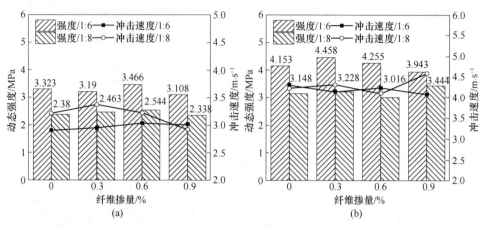

图 5-7　不同冲击速度下充填体试件的动态强度

（a）3m/s；（b）4m/s

　　结合表 5-1 和图 5-7 可知，掺纤维充填体的动态强度高于静态抗压强度，说明在动态荷载作用下的胶结充填体具有更高的承载能力，符合应变率效应规律。然而，本次实验的动态强度增长因子较小，仅为 1.02~1.689。究其原因为水泥浆的部分流失使得胶结总量减少，致使生成的水化产物减少以至于充填试块的结构相对松散，因而强度增长比例受到影响。另外，相同冲击速度条件下，灰砂比越大，则胶结充填体的动态强度越高；当灰砂比相同时，冲击速度越大，则胶结充填体的动态强度越高。

　　当灰砂比为 1:6 时，随着应变率的增加，掺纤维充填体的动态强度逐渐增大，表现出良好的相关性。如图 5-8（a）所示。观察图 5-8（a）发现，当冲击

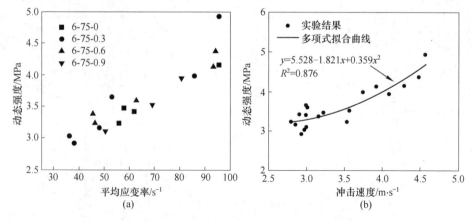

图 5-8　掺纤维充填体的动态强度

（a）与平均应变率的关系；（b）与冲击速度的关系

速度为 2.802m/s 和 2.992m/s 时，充填体 6-75-0 的平均应变率为 55.718s^{-1} 和 61.537s^{-1}；但冲击速度为 3m/s 左右时，掺纤维充填体的平均应变率则偏低，大部分均小于 55s^{-1}。同时求取不同纤维掺量条件下充填体的动态强度与平均应变率的线性拟合函数，得知在相同灰砂比和料浆浓度条件下，普通充填体的应变率效应更为显著。

将充填体动态强度和冲击速度进行多项式拟合，复相关系数为 0.876，函数表达式为 $y=5.528-1.821x+0.359x^2$，即随着冲击速度的逐渐增大，充填体的动态强度呈现增大的变化趋势，如图 5-8（b）所示。然而，相同冲击速度作用下，不同类别充填体之间的动态强度差异明显，普通充填体的平均应变率分布相对集中，而掺纤维充填体的平均应变率则随着纤维掺量增加变得离散。另一方面，平均应变率对充填体动态强度的影响权重更大。本实验中采用的冲击速度范围较小，因为普通充填体临界失稳的平均应变率一般为 50s^{-1} 左右，即高于该平均应变率条件时趋向于破碎、粉碎破坏。然而，不可忽略的基于本实验研究继续增大冲击速度，充填体动态强度依然具有上升的空间。

由图 5-9 可知，胶结充填体的应力-应变曲线与透射波波形曲线相似，具有"双峰"现象。在冲击荷载的作用下，试样内部微裂缝和孔隙的挤密效果很快得以实现，因此，充填体应力-应变曲线的初期具有良好的重合性，与准静态加载作用曲线不同，内部微孔隙的差异并未体现在应力-应变曲线中。当胶结充填体达到第一个峰值应力时，试件开始表现出应变软化，此时轻微破裂已经形成；随着应变值的持续增加，微裂纹受到挤压表现出应变强化现象，此时应力开始逐渐上升至第二个峰值应力，损伤演变为宏观裂纹而表现为应力急剧下降。

其次，第一个峰值应力高于第二个峰值应力，且随着纤维掺量的增加具有缩小的变化趋势。以中应变率冲击加载为例，充填体 6-75-0、6-75-0.3、6-75-0.6 和 6-75-0.9 的两个峰值应力之间的差值分别为 1.468MPa、0.582MPa、0.319MPa 和 0.116MPa。纤维体现出的阻裂、抗裂作用是基于水泥水化反应产生大量胶凝产物将其包裹并与充填体基体形成良好的整体性。当料浆浓度和灰砂比相同时，纤维掺量的增加意味着需要更多的胶凝物质覆盖纤维表面，然而此时相同体积内水泥含量的百分比却相对减少，因此，同一型号水泥下充填体的纤维掺量具有临界值，动态强度增长比例受其影响。

胶结充填体是水泥基的非匀质复合材料，属于应变率敏感材料，根据平均应变率的高低将其分为低应变率、中应变率、高应变率三组，可知胶结充填体的最

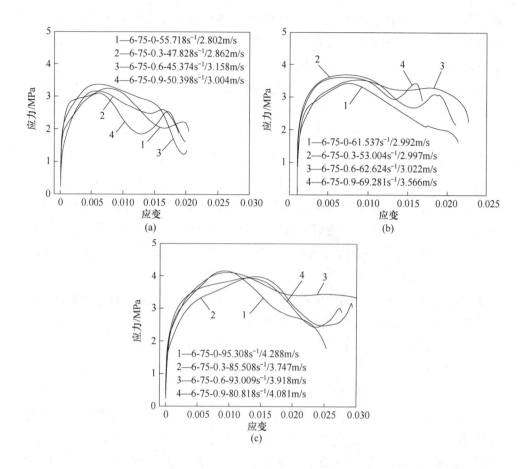

图 5-9 不同应变率作用下掺纤维充填体的应力-应变曲线 （灰砂比 1∶6）

（a）低应变率；（b）中应变率；（c）高应变率

大应变值随平均应变率的增加而增大，且掺纤维充填体的应变值大于普通充填体的应变值。在低应变率加载条件（50s⁻¹左右）下，胶结充填体动态强度的增长因子仅为 1 左右，此时普通充填体 6-75-0 应力-应变曲线的"双峰"现象依然存在；在中应变率加载条件（65s⁻¹左右）下，胶结充填体动态强度的平均增长因子为 1.2；上述两种冲击作用下裂隙起主要控制作用，第一个峰值应力附近具有均匀作用阶段。在高应变率加载条件（90s⁻¹左右）下，胶结充填体动态强度的平均增长因子为 1.4。观察图 5-9（b）和图 5-9（c）发现普通充填体中高应变率冲击作用下不存在第二个"峰值应力"。

结合高速摄影结果（如图 5-10 所示）可以看出，当冲击速度为 2.992m/s时，普通充填体的承载结构已发生破坏，其有效受载面积大幅度降低，仅通过区域应力调整无法实现应变强化现象,此时试件的宏观破坏为主导控制因素。因此,当应变率增加至某一特定值时,充填体应力-应变曲线呈现较大的下降趋势,同时"双峰"现象消失均不是偶然现象。其次,掺纤维充填体不同于含夹矸的煤样,煤样中矸石与煤体的分界面破坏了结构整体性,但纤维与充填体基体的有效黏结作用能够诱发周边的承载结构,即使局部发生破裂依然可以二次承载。以灰砂比1:6的胶结充填体为例,在3m/s的冲击作用下,充填体6-75-0破碎块度增加,但依然存在大块率;掺纤维充填体则沿着径向方向向四周弹散粉末,其中,充填体 6-75-0.3 的主体结构产生了若干破裂面,充填体6-75-0.6的主体结构完整性良好,侧面解释了其第二个峰值应力高于其他组别的原因。

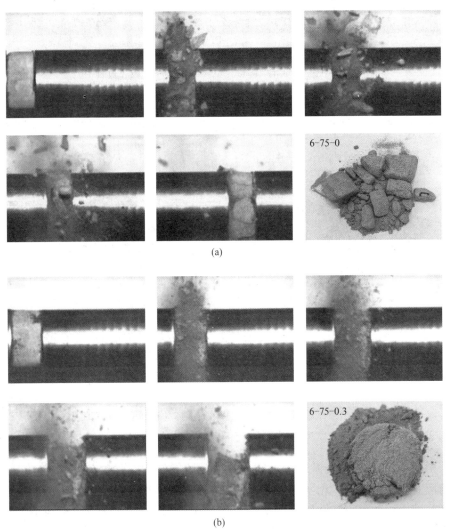

(a)

(b)

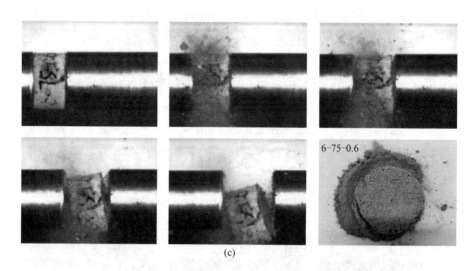

图 5-10 不同纤维掺量充填体的单次冲击破坏过程

(a) 6-75-0；(b) 6-75-0.3；(c) 6-75-0.6

绘制纤维掺量和平均应变率对胶结充填体动态强度的响应曲面，如图 5-11 所示。

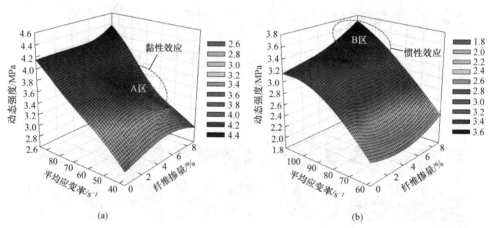

图 5-11 纤维掺量和平均应变率对充填体动态强度的响应曲面

(a) 灰砂比 1:6；(b) 灰砂比 1:8

二维码

由图 5-11 和试样破损形态可知：胶结充填体的动态强度、完整性与应变率紧密相关。相同点为随着平均应变率的增加，胶结充填体的动态强度增加，破损程度由完整性良好过渡为完全失稳；不同点表现为不同料浆浓度和灰砂比影响作用下，相同冲击速度作用下的最高应变率和动态强度差别较大。当灰砂比为 1∶8 时，冲击速度为 3.2m/s 时，充填体的动态强度约为 2.4MPa，最高应变率可达到 108.062s^{-1}，此时其动态强度仅为灰砂比 1∶6 充填体（最高应变率为 99.763s^{-1}，平均冲击速度为 3.043m/s）强度的 71.86%；冲击速度为 4.3m/s 时，充填体的动态强度约为 3.2MPa，最高应变率可达到 180.402s^{-1}，相较于灰砂比 1∶6 的充填体而言，动态强度约为 79.8%，最高应变率为 127.9%。其次，相同冲击应变率作用下，掺纤维充填体的动态强度高于普通充填体。究其原因掺入纤维提高了充填体试件的抗冲击性能，在冲击荷载作用有效时间内使其能量得以缓慢释放，造成的破坏相对降低，进而提高了胶结充填体的动态强度值。此外，灰砂比为 1∶6，纤维掺量为 0.9% 的充填体在中应变率作用下（即图 5-11 中 A 区）动态强度稍微偏低，主要是受限于纤维充填体材料内部的黏性效应，影响了裂纹萌生、扩展；灰砂比为 1∶8，纤维掺量为 0.9% 的充填体在高应变率作用下（即图 5-11 中 B 区）动态强度明显高于其他试样，主要因为冲击速度偏大，遵循动力学角度的惯性效应，即增大冲击速度则惯性力增加，进而提高胶结充填体的动态强度。

5.3.3 单次和循环冲击作用下的破坏特征

5.3.3.1 单次冲击作用下的破坏特征

限于篇幅，仅列出典型的四组充填体的冲击破坏形态，如图 5-12 所示。当平均应变率超过 40s^{-1} 时，普通充填体已发生大块破碎现象，不存在残余强度，增大应变率则破碎块度进一步减小直至粉碎。当平均应变率低于 40s^{-1} 时，掺纤维充填体试样的外观基本完整；试样 6-75-0.6 的完整度为 96.28%（此时平均应变率为 34.508s^{-1}）。当平均应变率为 40~50s^{-1} 时，掺纤维充填体的弹散粉末现象明显加剧。当平均应变率为 50~70s^{-1} 时，掺纤维充填体的两端面周边开始出现剥落现象，产生了部分贯穿裂纹，充填体试样的稳定性遭到破坏，但依然保留一定完整的中心，能够承载一定的塑性变形。当平均应变率高于 70s^{-1} 时，掺纤维充填体发生失稳现象；试样 8-75-0.6 的完整度为 58.95%，此时平均应变率为

| 40.353s^{-1} | 55.718s^{-1} | 61.537s^{-1} | 95.308s^{-1} |

(a)

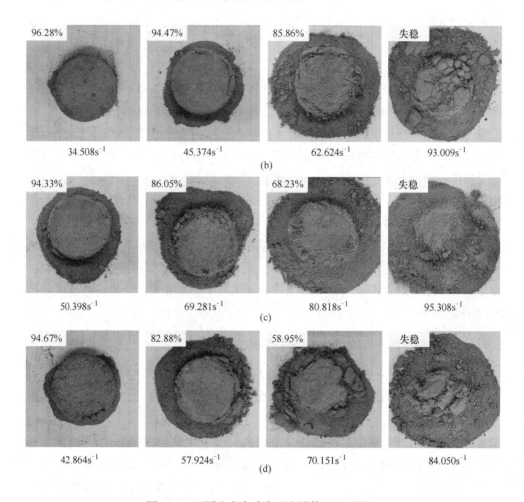

图 5-12　不同应变率冲击下充填体的破坏情况
(a) 6-75-0；(b) 6-75-0.6；(c) 6-75-0.9；(d) 8-75-0.6

70.151s^{-1}。综上所述，普通充填体的破坏形式主要以张拉作用力下的失稳破碎为主，掺纤维充填体受冲击荷载作用下体现为边缘剥落破坏、留芯破坏、失稳破坏。

5.3.3.2　循环冲击作用下的破坏特征

表 5-2 为掺纤维充填体的循环冲击动力学实验结果，图 5-13 为循环冲击作用下充填体的最终破坏形态。由于充填体对冲击应力波具有较强的阻尼作用，且透射波幅值随着循环冲击次数的增加不断减小（内部损伤的不断积累，使得充填体试样损坏越快），因此，胶结充填体的二次承载效果减弱，峰值应力降低。本次实验中普通充填体没有二次承载能力，掺纤维充填体能够抵抗 2.7m/s 的冲击荷载作用 3 次，留芯完整度达到 55% 以上。

表 5-2 循环冲击动力学实验结果

组别	编号	冲击速度/m·s⁻¹	次数	初始质量/g	留芯质量/g	完整度/%	留芯分形特征值	二次损伤/%
6-75-0.3	1	3.02	2	97.8	63.29	64.72	1.621	23.77
	2	2.74	3	95.06	61.46	64.65	1.581	28.41
6-75-0.6	1	2.92	4	109.35	73.42	67.14	1.619	29.14
	2	3.58	2	111.30	71.34	64.09	1.595	23.35
	3	3.12	2	102.32	72.78	71.12	1.655	21.77
6-75-0.9	1	2.88	3	100.85	57.04	56.56	1.613	37.77
	2	2.74	6	104.57	40.77	38.99	—	—

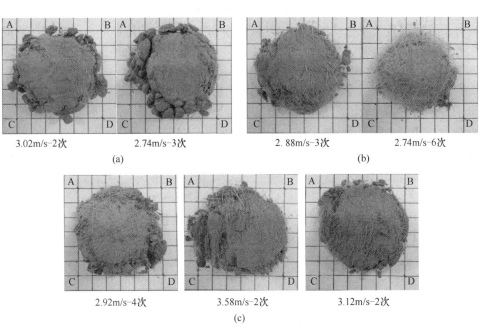

3.02m/s-2次   2.74m/s-3次   2.88m/s-3次   2.74m/s-6次
(a)   (b)

2.92m/s-4次   3.58m/s-2次   3.12m/s-2次
(c)

图 5-13 循环冲击作用下充填体的最终破坏形态
(a) 6-75-0.3；(b) 6-75-0.9；(c) 6-75-0.6

根据上述单次冲击时试样的破坏形态分析结果（见图 5-12）可知，相较于第一次冲击荷载作用，二次承载过程中的损伤累计呈现明显的上升趋势。当受到第一次中低应变率冲击作用时，灰砂比为 1:6 的掺纤维充填体试样的损伤值最大为 14.14%，裂纹的发育程度较小；但是二次损伤值高于 20%，试样形成了多个破裂面的非均匀结构体。其次，循环冲击作用下充填体的留芯分形特征值与试样完整度之间呈正相关关系，能够反映纤维掺量对冲击下试样完整性的影响作用。以 6-75-0.6 的 1 号试样为例，在冲击速度为 2.92m/s 的作用下循环冲击 4 次，留芯分形特征值为 1.619，高于充填体 6-75-0.3 的 2 号试样和 6-75-0.9 的 1 号试样，纤维通过链接作用将碎块的薄弱区部分和芯体部分组合成一个整体。充填体在冲击荷载应力波的作用下沿着轴向方向扩展裂纹，由于没有侧向应力的束缚，首先发生边缘剥落破坏耗散部分能量，然后逐渐向中心扩展，同时纤维通过链接作用耗散部分能量，能够保证相对完整性。

5.4　掺纤维尾砂充填体的动态本构模型

5.4.1　动态本构模型的构建

掺纤维充填体是一种纤维、尾砂、水泥混合而成的一种复合材料。目前，国内外尚未查阅到关于掺纤维尾砂充填体的损伤本构模型的报道。由于 SHPB 冲击实验属一维应力实验，充填体试件仅受到来自平行于入射杆的载荷作用。材料本构通常可用式（5-1）表示。

即
$$\sigma = f(\varepsilon) \cdot k(\dot{\varepsilon}) \tag{5-1}$$

式中，$f(\varepsilon)$ 为充填体在参考应变率下的应力应变关系；$k(\dot{\varepsilon})$ 为与充填体应变率相关的函数。

考虑到材料的应力应变关系为非线性函数形式，为提高其适用性，这里选择采用四次多项式进行表示。

即
$$f(\varepsilon) = A_0 + A_1\varepsilon + A_2\varepsilon^2 + A_3\varepsilon^3 + A_4\varepsilon^4 \tag{5-2}$$

式中，A_0、A_1、A_2、A_3 和 A_4 是与掺纤维充填体应变相关的参数。

图 5-14 所示为四次多项式拟合状态下的应力-应变关系曲线。观察发现实验曲线和拟合曲线的相关性较好。将式（5-2）代入式（5-1），可得掺纤维充填体应力-应变的拟合曲线公式（5-3）。

$$\sigma = (A_0 + A_1\varepsilon + A_2\varepsilon^2 + A_3\varepsilon^3 + A_4\varepsilon^4) \cdot k(\dot{\varepsilon}) \tag{5-3}$$

叶中豹针对钢纤维混凝土的本构模型进行了推导，认为应变效应函数 $k(\dot{\varepsilon})$ 可考虑采用二次自然对数函数进行表示。考虑到掺纤维充填体与掺纤维混凝土有相似的组成特性，故推导出 $k(\dot{\varepsilon})$ 的计算公式。

即
$$k(\dot{\varepsilon}) = C_0 + C_1\ln\frac{\dot{\varepsilon}}{\dot{\varepsilon}_0^*} + C_2\ln^2\frac{\dot{\varepsilon}}{\dot{\varepsilon}_0^*} \tag{5-4}$$

式中，$\dot{\varepsilon}_0^*$ 为参考应变率，这里选取 55.718s^{-1}；$\dot{\varepsilon}$ 为应变率，s^{-1}；C_0、C_1 和 C_2 为与纤维掺量相关的系数。

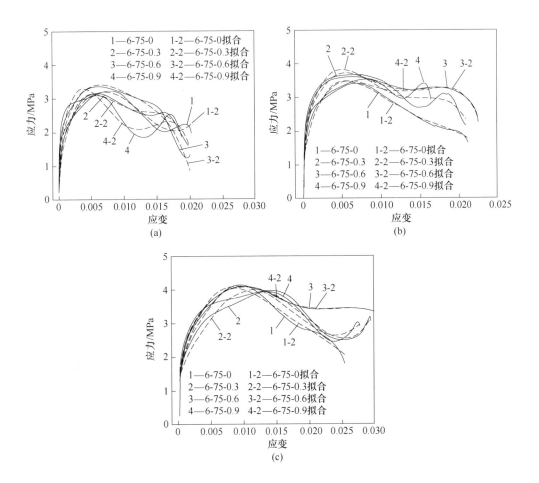

图 5-14 充填体应力-应变关系与拟合曲线

（a）低应变率；（b）中应变率；（c）高应变率

将式（5-4）代入式（5-3）中，可得到掺纤维尾砂充填体的动态本构模型，可用式（5-5）表示。

$$\sigma = (A_0 + A_1\varepsilon + A_2\varepsilon^2 + A_3\varepsilon^3 + A_4\varepsilon^4) \cdot \left(C_0 + C_1\ln\frac{\dot{\varepsilon}}{\dot{\varepsilon}_0^*} + C_2\ln^2\frac{\dot{\varepsilon}}{\dot{\varepsilon}_0^*}\right) \quad (5\text{-}5)$$

5.4.2 本构模型验证

图 5-15 为实验曲线和根据式（5-5）获得的拟合曲线。分析图 5-15 可知，式（5-5）所示的充填体动态本构模型的拟合结果和实验曲线拟合程度较高，说明获得的本构模型可靠度较高。

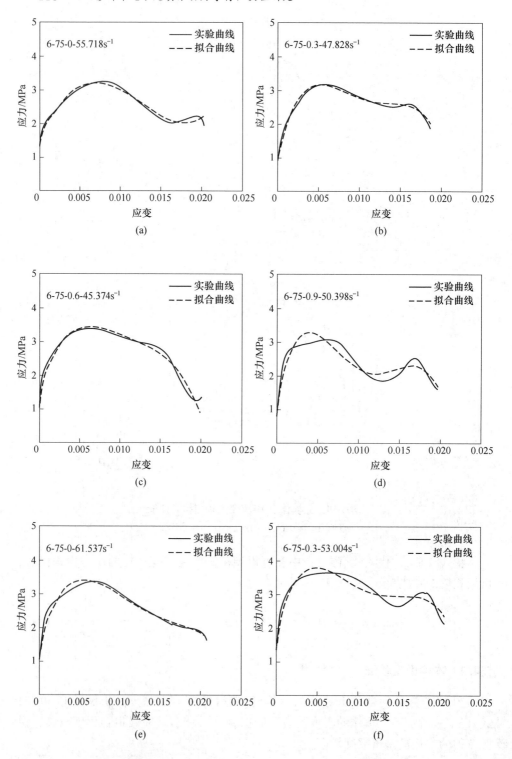

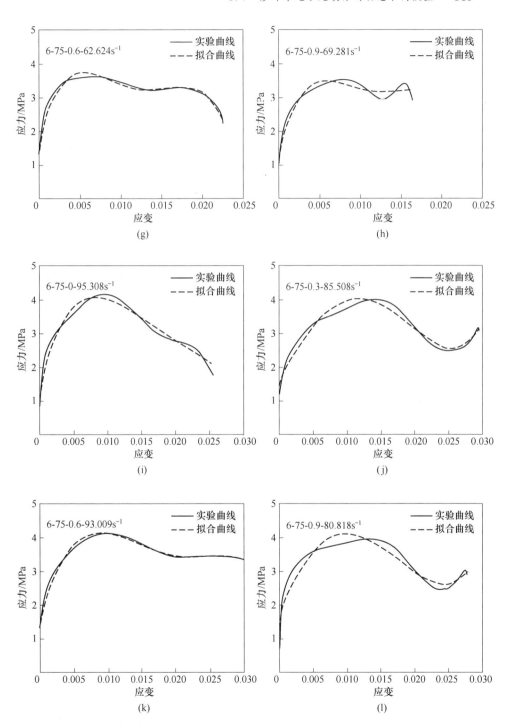

图 5-15 普通充填体与掺纤维充填体实验和拟合曲线图

5.5　本 章 小 结

本章借助于 SHPB 冲击试验系统和高速摄影技术，研究了不同冲击速度下掺纤维充填体的动态力学特性，得到以下有益结论：

（1）增大灰砂比或减小纤维掺量，有助于降低掺纤维充填体原始冲击波形的噪音。其次，掺纤维充填体的透射波具有"双峰"特征，且透射波的幅值与其动态峰值强度呈正相关；同时平均应变率对入反射波波形变化趋势的影响作用大于冲击速度。

（2）掺纤维充填体的动态强度高于静态抗压强度，并随着冲击速度的增加而增大，符合应变率效应规律；当灰砂比和料浆浓度相同时，受相同冲击速度作用下的普通充填体的平均应变率分布更集中，且应变率效应更为显著。

（3）掺纤维充填体基体与纤维的黏结作用能够诱发周边承载结构，延缓有效承载面积降低的幅度，使其应力-应变曲线表现为"双峰"现象，且第一个峰值应力与第二个峰值应力之间的差值随着纤维掺量的增加而减小。

（4）胶结充填体属于应变率敏感材料，在不同冲击速度作用下，普通充填体的破坏形式主要是以张拉作用下的失稳破坏为主；而掺纤维充填体的破坏形式为边缘剥落破坏、留芯破坏、失稳破坏，在中低应变率作用时具有二次承载能力，能够抵抗循环冲击作用，从而提高了充填体试样的完整性。

（5）结合 SHPB 冲击作用下充填体材料的一维应力特征与损伤力学公式，推导出符合掺纤维充填体动态力学特性的本构方程，并与实验过程中的应力-应变曲线进行对比分析发现，本构方程能够反映出掺纤维充填体微孔隙闭合-轻微破裂-应变强化-失稳的破坏过程。

6 下向进路充填法充填假顶现场工业应用

6.1 工程背景

  某金矿地处我国山东胶东半岛，根据前期开展的矿岩稳定性分级结果可知，其矿岩稳定性为Ⅳ或Ⅴ级。矿体厚度约为20m，倾角40°左右，原先尝试过上向水平分层充填法和上向水平进路充填法开采，但效果均不理想，后改为下向进路式充填采矿法进行回采。下向进路充填法开采时，井下作业人员及设备直接暴露在充填体下方，在开采周期内充填体的稳定性对于保障人员及设备安全至关重要，一旦发生垮冒，将严重威胁井下人员及设备安全，甚至诱发重大灾害事故。例如，2014年6月13日，某矿二矿区五工区978m分段采矿1名支护工在进行充填准备工作中，遇到突发大面积充填体垮塌，致使其被砸伤死亡；2014年2月7日，该矿二矿区五工区充填工在1198m水平4分层28号进路堆砌充填板墙过程中，被冒落的充填体砸伤身亡；结合现场充填假顶破坏情况并提取下向进路充填法开采充填假顶的力学模型，结果如图6-1所示。

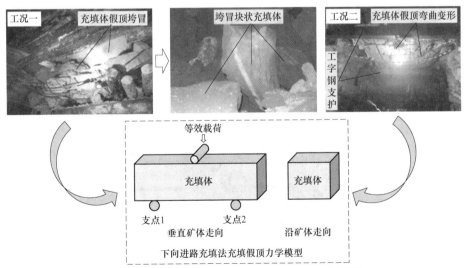

图6-1 下向进路充填法开采现场图及力学模型提取

松软破碎矿体下向进路充填法开采面临两大难题：

（1）进路回采结束后布筋工序复杂，即先在顶板预铺钢筋网，后进行腰线吊筋等工序。布筋太密一方面增加了采矿成本，另一方面延长了采矿作业周期，生产效率降低；而钢筋布置太稀疏则又难以保证作业安全。

（2）胶结充填体的力学强度能否满足工业应用要求，过高会造成充填成本太高，过低则不足以满足采矿实际要求。结合前期开展的掺纤维充填体的系列研究对下向进路充填法充填假顶构筑进行了工业应用。

6.2   下向进路充填法开采实验采场确定

实验采场位于该矿 7 中段，矿体具有埋深浅（200m 以内）、矿岩破碎等特点。原尝试过上向进路充填法开采，即使采用管棚支护方式仍塌方严重，开采效果极差，后转为采用下向进路充填法进行开采。其中，充填假顶稳定性直接关系到下向进路充填法后续开采能否顺利进行。

根据前期调研和矿体开采技术条件信息汇总，7 中段实验采场沿矿体走向布置，进路采场断面为 3m×3m，平均长度为 20m。考虑到充填假顶养护、转层回采周期长的问题，本次实验采场布置示意如图 6-2 所示。

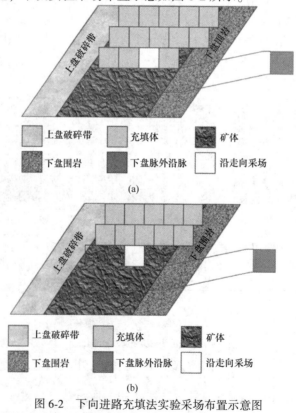

(a)

(b)

图 6-2 下向进路充填法实验采场布置示意图

（a）采场两翼为充填体；（b）采场两翼为矿体

6.3 下向进路充填法假顶力学模型

6.3.1 基于简支梁理论的充填假顶力学模型

当采用下向进路充填法开采破碎矿体时，考虑到回采周期、采充衔接等技术问题，采场断面为3m，采场长度平均为20m，采用简支梁更加适合该矿的实际情况。传统的充填假顶构筑工序是底板布筋和吊筋完成后，采场内充填高强度（主要通过提高灰砂比来提高其强度）的尾砂充填料浆，但充填高度主要依靠各个矿山的经验值。基于前述充填假顶出现的垮冒、变形隐患，引入掺纤维充填料浆进行替换，在保障充填假顶安全的同时，实现降低充填成本的目标。

图6-3为传统充填假顶的示意图。根据简支梁理论，将进路两帮等效为两个支点，可建立相应的力学模型如图6-4所示。

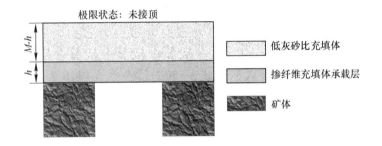

图 6-3 下向进路充填法充填假顶示意图

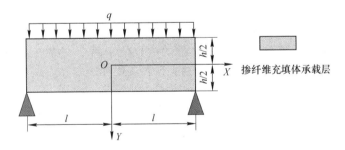

图 6-4 下向进路充填法充填假顶简支梁力学模型

X—坐标系中的水平方向；Y—坐标系中沿进路中心的竖直向下方向；q—掺纤维充填体承载层上覆均布载荷，kN；$2l$—进路宽度，m

分析图6-3可知，在此提出极限状态即低灰砂比充填体未接顶，此时对充填假顶组合结构并未传递载荷。而下向进路充填法开采的核心关键则是在回采周期内承载层不允许发生大的变形和垮塌。以掺纤维充填体承载层为研究对象，则其所受的载荷作用包括自重和上覆低灰砂比充填体的重量。

即
$$q = \rho_1 g (M - h) \tag{6-1}$$

$$p = \rho_2 gh \tag{6-2}$$

式中，ρ_1 和 ρ_2 分别为低灰砂比充填体和掺纤维充填体承载层的密度，kg/m^3；h 为掺纤维充填体承载层高度，m；p 为掺纤维充填体承载层质量，kg；M 为分层高度，m。

参照吴爱祥等针对膏体假顶的力学模型，可得到充填假顶的应力计算公式。

即
$$\sigma_x = \frac{6(q + ph)}{h^3}(l^2 - x^2)y + \frac{(q + ph)y}{h}\left(\frac{4y^2}{h^2} - \frac{3}{5}\right) \tag{6-3}$$

$$\sigma_y = -\frac{py}{2}\left(1 - \frac{4y^2}{h^2}\right) - \frac{q}{2}\left(1 + \frac{y}{h}\right)\left(1 - \frac{2y}{h}\right)^2 \tag{6-4}$$

$$\tau_{xy} = -\frac{6(q + ph)}{h^3}\left(\frac{h^2}{4} - y^2\right)x \tag{6-5}$$

式中，σ_x 为掺纤维充填体承载层在 X 方向的应力，MPa；σ_y 为掺纤维充填体承载层在 Y 方向的应力，MPa；τ_{xy} 为掺纤维充填体承载层的剪应力，MPa；q 为掺纤维充填体承载层所受均布载荷，MPa；p 为掺纤维充填体承载层自重应力，MPa；h 为掺纤维充填体承载层厚度，m；l 为 1/2 进路宽度，m。

根据韩斌等提出的可靠度理论可得充填假顶的极限强度 $\sigma_{极}$ 可用式（6-6）表示。

即
$$\sigma_{极} = 3q\frac{l^2}{h^2}\left(1 + \frac{h^2}{15l^2}\right) + 3ph\frac{l^2}{h^2}\left(1 + \frac{h^2}{15l^2}\right) \tag{6-6}$$

将式（6-1）和式（6-2）代入式（6-6）中，得极限强度 $\sigma_{极}$ 计算公式（6-7）。

即
$$\sigma_{极} = 3\rho_1 g(M - h)\frac{l^2}{h^2}\left(1 + \frac{h^2}{15l^2}\right) + 3\rho_2 gh^2\frac{l^2}{h^2}\left(1 + \frac{h^2}{15l^2}\right) \tag{6-7}$$

根据上式可知，充填假顶的易破损的位置位于两个支撑点之间的中心。因此，这里选用掺纤维充填体承载层的最大抗拉强度作为判断充填假顶是否稳定的判断依据。

根据上述实验结论和先前开展的室内实验结果，1∶20 低灰砂比充填体的密度为 $1770kg/m^3$；灰砂比为 1∶6，掺量 0.3% 的充填体密度为 $1970kg/m^3$；进度高度 3m，进路宽度 3m 进行计算，则可得到极限载荷 $\sigma_{极}$ 与掺纤维充填体承载层的函数关系为：

$$\sigma_{极} = \left(\frac{1}{5} + \frac{6.75}{h^2}\right)\left[17346(3 - h) + 19306h^2\right] \tag{6-8}$$

根据式（6-8）中 $\sigma_{极}$ 与掺纤维充填体承载层的函数关系，可以绘制二者的关系曲线如图 6-5 所示。

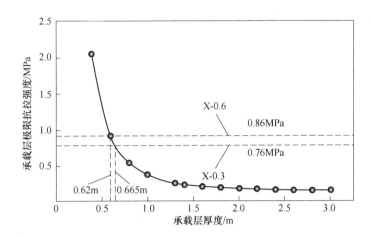

图 6-5　掺纤维充填体承载层极限抗拉强度与厚度关系曲线

分析图 6-5 可知，掺纤维充填体承载层极限抗拉强度随厚度增大而呈幂函数快速递减。结合第 3 章掺纤维充填体抗拉强度实验结果，当纤维掺量分别为 0.3% 和 0.6% 时，对应的抗拉强度值分别为 0.76MPa 和 0.86MPa。此时，对应的承载层厚度则分别为 0.62m 和 0.665m。

6.3.2　下向进路充填法开采充填假顶数值模拟

本次下向进路充填法采场沿矿体走向布置，回采顺序按照"隔一采一"进行，矿房回采时，两翼是矿体，如图 6-6（a）所示；回采矿柱时，两翼是充填体，如图 6-6（b）所示。

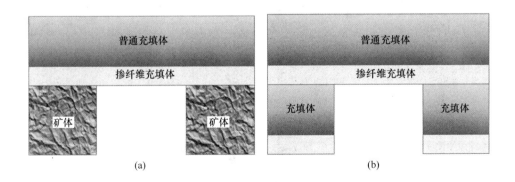

图 6-6　下向进路充填法开采放大图
（a）采场两翼为矿体；（b）采场两翼为充填体

综合考虑第 2 章和第 3 章研究结论以及实际充填成本，若采用单一类型充填体，需要的充填体灰砂比偏高，充填成本太高，若灰砂比偏低又不能满足安全需求。通常充填体的强度远低于原岩矿体，这里以两翼充填体为例进行模拟。结合下向进路充填法开采工业应用，采用数值模拟手段研究不同组合充填假顶的稳定性，为优化充填配比和降低充填成本提供理论支撑。本次数值模拟仍采用充填假顶构筑的布筋方式。主筋和副筋直径均为 12mm，网度为 300mm×300mm。采场断面为 3.0m×3.0m 的矩形结构，掺纤维充填体承载层厚度分别为 0.6m、0.8m和 1.0m。充填假顶模拟方案如表 6-1 所示。

表 6-1 充填假顶数值模拟模型基本参数

方案	掺纤维充填体承载层厚度/m	低灰砂比（1∶20）充填体厚度/m
1	0.6	2.4
2	0.8	2.2
3	1.0	2.0

图 6-7 展示了三种不同方案充填体的位移云图。分析可知，当掺纤维充填体厚度分别为 0.8m 和 1.0m 时，对应的顶板下沉位移分别为 6.999mm 和7.709mm。而当掺纤维充填体厚度为 0.6m 时，对应的下沉位移为 9.618mm，但整体稳定性较好。综合考虑理论计算结果、模拟结果和工业实验的安全性，建议该矿下向进路充填法充填假顶构筑中，掺纤维充填体承载层厚度选择 0.8m。

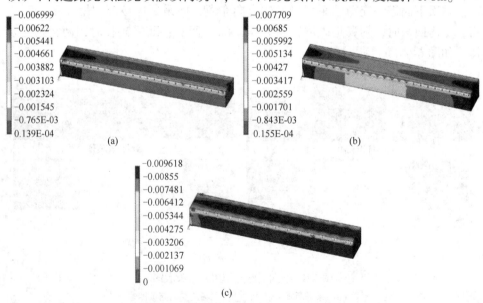

图 6-7 不同方案充填假顶位移云图（单位：m）

(a) 方案 1；(b) 方案 2；(c) 方案 3

6.4 下向进路充填法假顶构筑

前述章节对掺纤维尾砂充填体的单轴抗压、三轴抗压、抗弯和冲击动力学强度特性开展了一系列实验研究。如何将上述研究结果应用到下向进路充填法充填假顶的构筑中至关重要。因此，本节就充填假顶构筑进行工业应用。传统充填假顶构筑示意如图6-8所示。

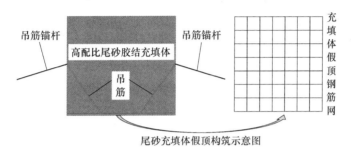

图6-8 下向进路充填法充填假顶布置示意

6.4.1 下向进路充填法开采充填假顶构筑工艺

（1）充填假顶构筑施工前处理。进路采场出矿结束后，需要先对进路底板进行清理和平整工作。目的在于保证转层后充填假顶的顶板平整，便于炮孔的布置和降低贫化率。此外，为保证进路采场两翼腰线处吊筋施工的可靠性，进路侧帮的松动矿石（一步开采）和松动充填体块（二步开采）也应该清除。

（2）底筋和吊筋铺设和管缝锚杆组合钢结构施工。底筋和吊筋铺设是假顶构筑的主要环节之一。这里选择直径为12mm的螺纹钢作为底筋（包括主筋和副筋），主筋间距为0.5m，副筋间距为0.5m。在进路断面为3m×3m的采场内，沿走向布置主筋。将长3m，两端高0.5m的槽形副筋垂直布置于主筋上，且主、副筋交叉位置采用自动捆扎机绑扎。

结合现场调研发现，该矿原充填假顶的破坏形式主要是"鼓肚子"的弯曲变形和垮塌。因此，在本次假顶构筑中设计增加竖向管缝锚杆，目的在于提高假顶的整体稳定性。锚杆布置于中间主筋和副筋的交叉处，采用焊接的形式进行固定，间距为1.5m。锚杆选用直径42mm，长度为1.8m的管缝锚杆。图6-9为底筋、吊筋铺设和管缝锚杆安装现场图。

（3）充填假顶充填料浆制备与输送。经过前期调研，该矿充填料浆浓度长期维持为72%~76%，结合6.3章理论计算和数值模拟结果，灰砂比选择1∶6、

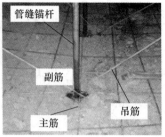

图 6-9 底筋、吊筋铺设和管缝锚杆安装现场图
(a) 底筋、吊筋铺设;(b) 管缝锚杆安装

纤维掺量为 0.3% 的充填料浆进行充填作为承载层,充填高度为 0.8m。通过与矿山技术人员沟通,首次充填采用矿用混凝土搅拌车来进行制备掺纤维充填料浆,该设备自带泵送系统,能够将搅拌充分的料浆送入采场,现场搅拌和输送如图6-10 所示。采场内剩余 2.2m 仍沿用该矿山原有充填系统,即将灰砂比为1:20 的充填料浆经地表充填站内的搅拌仓充分搅拌后经地表钻孔和采场充填管路自流送入采场。

图 6-10 掺纤维尾砂充填料浆制备和管输
(a) 料浆制备;(b) 管输

(4) 充填假顶现场应用及其效果。图 6-11 和图 6-12 为充填假顶优化前后现场对比图。

根据现场图分析可知,揭露后的充填假顶稳定性良好,且顶板较为平整,验证了本次假顶构筑方案的可行性,也为今后该方案的推广提供了重要的参照依据。

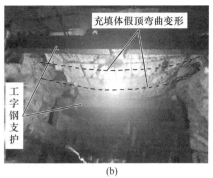

图 6-11 充填假顶优化前现场图

（a）垮冒；（b）弯曲变形

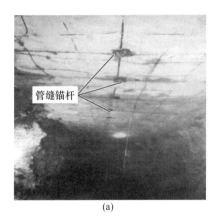

图 6-12 充填假顶优化后现场图

（a）管缝锚杆；（b）转层后揭露充填假顶

6.4.2 下向进路充填法开采充填假顶构筑成本对比

在实际下向进路充填法开采充填假顶构筑工艺方面，矿山技术人员和科研人员主要关心两方面的问题。一方面，所构筑的充填假顶稳定性是否足以支撑转层矿体开采的安全需求；另一方面，所构筑的充填假顶的成本尽可能降低。图 6-12 表明，采用掺纤维充填体和普通低强度的组合结构来构筑充填假顶是可行的。因此，本节主要对其成本进行对比分析。根据前期调研结果，该矿在回采类似破碎矿体时曾使用过两种方案来构筑充填假顶。

（1）方案 1：进路采场内工字钢拱架+1：10 灰砂比尾砂充填。该方案的施工工艺为：进路沿矿体走向布置，随着进路向前掘进，随后预支工字钢拱架来支撑顶板。通常进路掘进超前于工字钢拱架 1~2 个台班，拱架间距约为 1.5m。此外，考虑到转层问题，该矿在进路回采结束后采用灰砂比为 1：10 的尾砂充填料浆进行充填，高度为进路高度 3m。

（2）方案 2：进路采场内 1：4 灰砂比尾砂充填+1：20 灰砂比组合充填。该方案的施工工艺为：进路仍沿矿体走向布置，此时的进路顶板为充填假顶。这里的充填假顶构筑施工为先布置横筋+纵筋作为底筋，在进路两翼腰线位置施工锚杆并布置吊筋与底筋相连。进路回采结束后在进路端部施工充填挡墙而后进行充填，首次充填采用灰砂比为 1：4 的尾砂料浆进行充填，充填高度为 2m；而后改为灰砂比为 1：20 的尾砂料浆充填 1m。

（3）方案 3：进路采场内 1：6 灰砂比、0.3%聚丙烯纤维掺量尾砂充填+1：20 灰砂比组合充填。

基于 6.3 节研究内容，这里将方案 3 进行简述。该方案的施工工艺为：进路仍沿矿体走向布置，底板布筋同上，但与方案 2 的差异为在进路中线布置了 1 排竖向长度为 1.8m 的管缝锚杆，其间距为 1.0m。进路回采结束后在进路端部施工充填挡墙而后进行充填，首次充填采用 1：6 灰砂比、0.3%聚丙烯纤维掺量的尾砂料浆充填，高度为 0.8m；而后改为灰砂比为 1：20 的尾砂料浆充填 2.2m。

因此，本次成本对比分析主要针对提出的充填假顶构筑工艺和上述两种方法进行对比，结果如表 6-2 所示。这里以采场进路矩形断面为 3m×3m，长度为 20m 为例进行核算。本部分旨在对比充填成本，故不将布筋成本加入此次成本对比内容内。需要说明的是，考虑到方案 1 和方案 2 的布筋工艺一样，方案 3 相比增加了 1 排竖向管缝锚杆，该部分成本应纳入本次成本对比内。

表 6-2 充填假顶构筑成本对比分析表（不含底筋+吊筋、人工费的施工成本）

充填假顶构筑方案	充填方式	充填高度/m	采场体积/m³	单价	总成本/元
方案 1	工字钢拱架	—	—	6300 元/m	101880
	1：10 灰砂比	3	180	76 元/m³	
方案 2	1：4 灰砂比	2	120	178 元/m³	23400
	1：20 灰砂比	1	60	34 元/m³	
方案 3	1：6 灰砂比、0.3%聚丙烯纤维掺量	0.8	48	145 元/m³	12408
	1：20 灰砂比	2.2	132	34 元/m³	
	管缝锚杆	—		48 元/根	

注：采场长度 20m，聚丙烯纤维单价按照 5200 元/t，管缝锚杆为 20/1=20 根，工字钢拱架为 20/1.5≈14 根计算。

分析表 6-2 结果可知，方案 1 的成本远远高出方案 2 和方案 3，从经济层面来说不合理。此外，方案 1 在采场内布置工字钢拱架也存在一系列技术问题。进路采场若自上而下按照倒"品"字型分布的话，转层后的拱架支脚正好在下分层进路的中心位置，对于人员作业和设备出矿的安全性不利。此外，对比可以发现方案 3 较方案 2 的成本低，这是由于聚丙烯纤维的加入使得承载层厚度变低、所需灰砂比也降低。水泥等胶凝材料的成本在矿山充填成本的占比较大。方案 3 通过降低灰砂比大大地降低了充填成本。此外，方案 3 虽增加了 1 排管缝锚杆，目的在于提高充填体的整体稳定性，其所增加的成本相对较小。结合前期工业实验和本次成本对比结果可说明方案 3 较优。

6.5　本章小结

以某矿软破矿体下向进路充填法开采为工程背景，采用数值模拟和现场工业应用相结合的手段进行了研究，得到如下主要结论：

（1）理论计算表明灰砂比为 1 : 6、料浆浓度 75%、聚丙烯纤维掺量为 0.3% 的掺纤维充填体厚度为 0.62m 时即可满足安全回采要求；数值模拟结果显示当掺纤维充填体厚度大于 0.6m 时整体稳定性较好。因此，综合考虑理论计算、模拟结果和初次工业实验的安全性，建议掺纤维充填体承载层厚度选择 0.8m。通过现场充填体揭露情况，现场应用良好。

（2）提出了一种布筋+竖向锚杆组合、掺纤维充填体和低灰砂比组合充填的下向进路充填法开采假顶构筑的施工工艺，解决了该矿开采成本高、安全风险高的技术难题。结合前期工业实验和本次成本对比结果可知进路采场内灰砂比为 1 : 6、聚丙烯纤维掺量为 0.3% 的尾砂充填+1 : 20 灰砂比组合充填施工充填假顶是可行的。

（3）本次工业应用尚存在不足，掺纤维尾砂充填体虽然在强度方面能够很好地契合现场实际。但若沿用本次矿用混凝土搅拌车来制备掺纤维充填料浆，制浆能力有限，从而延长了充填周期。

7 矿山充填开采的变革初探

充填采矿技术的发展和变革对金属矿山产生了深远的影响，新时代充填因具有绿色、安全、高效、智能、低碳等特征，有效解决了矿业发展的诸多难题。与此同时，新时代充填理念逐渐深入人心，并引领了矿山可持续发展的变革初探。

7.1 绿色开采和低碳减排

2007 年中国国际矿业大会首次提出"绿色矿业"，2017 年党的十九大报告做出"推进绿色发展"的重要部署，2018 年自然资源部发布了有色金属等 9 个行业绿色矿山建设标准，2019 年和 2020 年相继建设 1100 多家国家级绿色矿山。矿山绿色开采模式遵循"可持续盈利、循环经济、地矿和谐"三项基本原则，将生态保护放在首要地位，通过资源节约型和环境友好型的矿产开发技术，解决矿山开采和采选废弃物伴随的环境问题。其次，结合资源化再利用、废石和尾砂回填、采空区利用，以及矿坑绿化治理等方式，绿色开采体现着矿山的经济效益、环境效益和社会效益。

基于"双碳目标"对矿业低碳发展的迫切需求，充填采矿技术是有助于实现 5 年减碳 15% 的有效手段。Chen 等研究了 CO_2 浓度为 1.5% 时胶结充填体的吸碳能力和力学特性，以期有助于采矿业的碳排放和促进环境友好型发展。Su 等通过在粉煤灰基地质聚合物基体中添加化学发泡剂，开发了一种适用于采空区充填的粉煤灰基地质泡沫材料制备技术。Qiu 等制备了低碳胶凝材料碱激发矿渣以用于水泥膏体充填。

7.2 智能矿山和智能充填

2016 年《全国矿产资源规划（2016—2020 年）》提出大力推进矿业领域科技创新，加快建设数字化、智能化、信息化、自动化矿山；2018 年《智慧矿山信息系统通用技术规范》正式将矿山智能化列入了国家标准；2020 年采矿行业"5G+工业互联网"会议指出继续加强 5G 基础设施建设，全力打造安全、高效的智慧矿山。由此可见，智能矿山是未来矿山发展的重要趋势。一方面，国家政策不断引导和扶持，数字化技术、无人驾驶技术和 5G 信息技术等高新技术推动着传统矿业的现代化发展；另一方面，矿山智能化有助于降低劳动强度、提高生产效率、保障生产安全等，符合矿山企业自身深化改革的需求。

截止到目前，我国逐渐建设了一批具有典型智能特征的矿山企业。

（1）以设备智能化和无人化为代表。锡铁山铅锌矿实现了有轨设备无人驾驶；凡口铅锌矿采掘装备智能化，机械化无人采矿率为83%；冬瓜山铜矿电机车无人驾驶，实现远程遥控流程。

（2）以智能化系统和集成化管控为代表。普朗铜矿为国内首批具有智能化体系的矿山；杏山铁矿实现了信息数字化、装备现代化和生产可视化等目标。

（3）以5G技术为代表。三山岛金矿的"5G+人工智能"远程操控凿岩台车；山东黄金矿业（莱西）有限公司采用"5G+VR/AR"技术实现了井下巷道网络覆盖；南泥湖钼矿将"双5G"技术应用于露天矿山生产和管理。

在矿山充填自动化和智能化领域，国内学者和研究人员也做出了巨大贡献。Qi等分析了新一代人工智能在絮凝沉降、充填配比和管道输送等方面的研究进展，并提出"智能充填系统"的构想。Wang等以山东黄金集团矿山充填为例，结合人工智能技术、"智慧充填系统"和"充填数据平台"等，能够实现充填工艺参数动态调整和系统故障诊断。Chen等设计了矿山充填系统的"云、边、端"智能控制架构，在武山铜矿全尾砂充填时实现了生产智能化操作。通过人工神经网络、粒子群算法等进行数据处理，建立智能模型预测充填强度和料浆配比，安装智能监测设备实现充填料浆控制等，以上措施均属于智能矿山充填的重要研究方向。综上所述，基于新技术、新理论和高新设备等，大数据和云平台将是未来智能充填的发展趋势，智能充填对促进充填技术应用和矿山绿色建设具有重要意义。图7-1为智能矿山控制系统的构成。

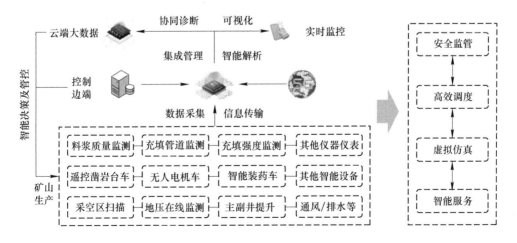

图 7-1　智能矿山控制系统的构成

7.3 深部开采变革理念

深部矿产资源开发利用符合《国家中长期科学和技术发展规划纲要（2006—2020 年)》提出的"深空、深海、深蓝和深地"四个领域的战略要求。基于深部开采时高应力、高井温、高井深和多空区等复杂环境，将其不利因素转变为有利因素提出相应地变革理念和策略。

（1）由于原岩应力高和开采时地压显现等因素，可能出现岩爆等灾害，或者随着深度增加而提高开采成本。针对地下金属矿开采而言，通过高应力诱导非爆破连续采矿可提升深部硬岩的开采效率，降低爆破工序时的开采成本。鉴于充填材料与围岩的相互作用机理，"同步充填"的本质在于采用充填料对围岩形成有效支撑，减少因充填不及时而造成的灾害现象，为金属矿山复杂矿体的生产实践提供了科学指导。

（2）高井温环境下不仅生产效率降低，而且制约着矿山安全生产。借助于深部高井温的特点，运用溶浸采矿技术和地热资源的协同开采技术，实现高价值矿产资源和地热的回收利用；利用载冷/蓄冷功能性充填材料吸收周围采场的热量，以导热、对流和辐射的形式实现供冷降温；或者在充填过程中预埋换热管或采热管路。

（3）高井深则提升困难，因此矿山智能化、流态化开采、井下充填等改革策略，有利于实现废石不出坑，降低深部提升成本和开采成本；但目前流态化开采等改革策略仍处于理论构想。

7.4 本 章 小 结

新时代充填开采理念引领了矿山可持续发展的变革初探，未来绿色开采和低碳减排、智能矿山和智能充填、深部开采变革理念都是金属矿山充填的主要研究方向。

8 尾砂胶结充填研究现状及展望

8.1 掺纤维充填体研究现状

本书以制备一种整体强度高、抗裂性和抗冲击性能良好的掺纤维尾砂充填体为目的，从宏-细-微三个尺度出发，对掺纤维尾砂充填体的力学性能和损伤破坏机理进行研究。通过室内宏观力学实验，探索在充填体内掺入纤维的可行性，分析纤维类型和掺量对胶结充填体的影响作用，研究外部荷载作用下裂纹扩展的变化规律和试件的破坏特征。借助工业 CT、扫描电镜和三维重构技术，揭示掺纤维充填体内部结构缺陷对力学性能的影响作用，以及纤维增强作用机理。最后，研究掺纤维充填体在冲击荷载作用下的损伤演变规律，建立不同冲击载荷下掺纤维尾砂充填体动态本构模型。由此得出的主要结论为：

（1）聚丙烯纤维的增强效果最明显，聚丙烯腈纤维次之，玻璃纤维最小；纤维掺量 0.6% 为临界点，掺纤维充填体强度值呈现先增大后减小的趋势，且峰后的延性特征与纤维掺量呈正相关；掺纤维充填体单轴抗压破坏过程可划分为孔隙压密阶段、线弹性阶段、应变软化阶段、裂纹扩展阶段，具有"裂而不碎"的特征。胶结充填体的单轴抗压强度与纵波速度符合指数函数关系 $y = 0.070e^{1.432x}$，且掺纤维充填体的纵波速度随着养护龄期延长的变化值较大。其次，充填体 C-40 高于圆柱体 $\phi50$ 的抗压强度值，圆柱体 $\phi50$ 充填体试件的最优纤维长度为 12mm。当纤维长度为 0mm 和 6mm 时，掺纤维充填体的抗压强度随体积比例的增大而减小；当纤维长度为 12mm 和 18mm 时，纤维长度成为影响两因素耦合作用响应曲线的关键。此外，掺纤维充填体三轴压缩破裂特征具有分形特性，其振铃计数-时间和能量-时间演化过程可划分为压密阶段、平静阶段、密集阶段、活跃阶段 4 个阶段。

（2）纤维对胶结充填体劈裂、抗弯的起裂阶段和裂纹扩展阶段，具有良好的抑制作用。掺加纤维不仅提高了胶结充填体的抗拉强度（最大增加百分比为 22.86%），以及荷载-挠度曲线的峰后承载能力，即抗弯残余强度（随着纤维掺量的增加而增大），而且改善了胶结充填体自身的韧性和抗裂性能，表现为在峰值荷载后的塑性变形。其中，聚丙烯纤维的综合增强效果最好。灰砂比和料浆浓度依然是影响掺纤维充填体抗弯强度的主要因素，但峰后的等效抗弯强度则主要受灰砂比和纤维掺量的影响，四个因素对充填体峰后韧度的影响效应由大到小依次为纤维类型、纤维掺量、灰砂比、料浆浓度。当受到弯曲荷载作用时，胶结充填体梁的起裂点位于峰值荷载前，其基体的力学强度是影响起裂的主要因素；达到峰值荷载时充填体梁下端面的拉应力最大，且断裂面形貌与纤维性能、分布数量密切相关。

（3）揭示了胶结充填体的纤维增强作用机理。纤维直径、表面形态、与胶结充填体基体之间的界面黏结力，是影响纤维脱粘和掺纤维充填体峰后破坏特征的重要因素。不同养护龄期、纤维类型和掺量条件下，形成的氢氧化钙和钙矾石含量，则构成了掺纤维充填体承载能力的主体结构。

（4）胶结充填体的缺陷结构影响了灰度值分布情况，当纤维掺量控制在合理范围内时，改善了压缩前充填体的结构性能；但压缩后充填体的灰度平均值均减小。其次，掺纤维充填体的 K_1 值小于普通充填体，K_2 值大于普通充填体，且 K_2 值与充填体峰值强度呈现正相关。随着纤维掺量的增加，胶结充填体压缩前的孔隙度逐渐增大，微孔隙结构影响了其宏观力学行为的显现；掺纤维充填体压缩后的损伤值随着纤维掺量的增加而降低，说明掺加纤维有效地提高了充填体的抗裂性能。

（5）掺纤维充填体的动态强度高于静态抗压强度，且随着冲击速度的增加而增大。其次，掺纤维充填体的应力-应变曲线类似于透射波波形，均具有"双峰"特征，其透射波的幅值与动态峰值强度呈正相关，应力-应变曲线中第一个峰值应力与第二个峰值应力之间的差值随着纤维掺量的增加而减小，究其原因为掺纤维充填体在中低应变率作用下具有二次承载能力。其中，普通充填体的冲击破坏形式主要是以张拉作用下的失稳破坏为主；而掺纤维充填体的冲击破坏形式为边缘剥落破坏、留芯破坏、失稳破坏。此外，构建了适用于掺纤维充填体动态力学特性的本构方程。

（6）以典型软破矿体下向进路充填法开采中充填假顶为研究对象，对充填假顶进行了数值模拟和现场工业应用，验证了掺纤维充填体工业应用的可行性。

8.2　掺纤维充填体前景展望

提高充填体的稳定性是保障地下实现安全开采的重要手段。针对掺纤维充填体开展了一系列室内实验并获取了其宏-细-微三个尺度的基本参数，为今后该类型充填体的工业应用提供了参考依据。由于作者能力有限，后续仍存在巨大的研究空间，主要体现在：

（1）掺纤维充填体的流动特性研究须进一步加强。相比于普通充填体，掺纤维充填体虽提高了其抗压、抗弯等强度，但不容忽视的是由于掺入纤维后，其坍落度、黏度等流动性指标会有所限制。合理优化其配比，降低其管输过程中出现的堵管风险是今后的主要研究方向。

（2）掺纤维充填体的工业应用仍需进一步推广。虽就下向进路充填法充填假顶构筑进行了初步应用，尚需开展进一步推广应用。此外，掺纤维充填体的动力学特性表现明显优于普通充填体，仅仅开展了 SHPB 冲击实验，但其动力学特性研究空间仍巨大。

（3）深地科学研究属于我国战略性前瞻性重大科学研究领域之一。针对深地环境下的高应力、高井温和高渗透压等多场耦合的复杂环境，应探究掺纤维充填体在该类复杂环境下的力学特性和宏观响应机制，使其能为实现深地安全、高效开采提供一定的参考依据。

8.3　胶结材料的研发制备

充填胶结材料是指矿山充填物料中的胶结剂，传统硅酸盐水泥费用占到胶结充填成本的 60% ~ 80%。为了降低充填成本，采用具备潜在活性的固体废弃物（高炉矿渣、粉煤灰等）制备矿用充填胶结材料，符合矿山绿色可持续发展，具有广泛的应用转化前景。通常激发形式分为物理激发和化学激发两种。物理激发是采用机械方式将其研磨至特定的细度（常见助磨剂有 FDN 减水剂、三乙醇胺等）；化学激发是通过添加碱或盐类物质激发剂。肖莉娜采用机械与化学方式激发铜尾矿的火山灰活性，结果表明粉磨有助于铜尾矿发挥物理填充作用，掺加 CaO 和 Na_2SiO_3 提高了试样的力学性能和活性指数。肖柏林等研究表明粉体的比表面积增加 $10m^2/kg$，则养护龄期为 3d、7d、28d 胶结充填体试样的抗压强度值分别增加 0.028MPa、0.057MPa、0.122MPa；当固结粉细度越小时，对早期充填体强度影响越显著。其次，碱性激发剂主要包括生石灰、氢氧化钠、水玻璃、水泥熟料等；盐类激发剂主要包括硫酸钠、脱硫石膏等；但国内外学者为了提高材料性能大都采用复合激发剂开展研究。Zhou 等通过扫描电镜和能谱测试等探究多种添加剂组合对全尾砂膏体充填材料早期性能的影响及其激发机理，结果表明复合激发剂作用下尾砂颗粒、钙矾石晶体和凝胶相互交织形成致密结构，有效改善了膏体充填试样的早期力学强度。李浩等研究发现 0.5% 硫酸钠与 0.2% 聚羧酸减水剂复掺的充填浆体，其水泥用量可减少 2%，坍落度可增加 4.1cm，初终凝时间可缩短 20min。

高炉矿渣的化学成分与硅酸盐水泥相似，主要包含 CaO、MgO、SiO_2 和 Al_2O_3 等；矿渣中玻璃相含量越大则活性越高；比表面积越大，其激发效果越好。在碱性激发环境下，矿渣玻璃体内部网络结构中存在的富钙相为 OH^- 提供了从表面结构进入玻璃体内部的通道，生成了稳定性产物（如 C-S-H 凝胶），进而表现出良好的水硬活性。此外，Zhao 等采用无熟料和铜渣替代水泥作为胶结剂，为铜渣的安全资源化利用提供了理论指导。刘浪等分析了镁渣的膨胀和胶结特性机理，通过化学改性处理成功应用于矿山充填领域，井下 28d 胶结充填体强度为 6.23MPa。Wang 等以二次冶炼水粒化镍渣（优选配比为 85%）为主要原料，脱硫石膏和电石渣为主活化剂，Na_2SO_4 和水泥熟料为辅助活化剂，开展矿用膏体回填复合材料的制备和水化机理研究。

粉煤灰呈现灰褐色，其活性大小由粉煤灰的细度和铝硅玻璃体含量决定；通常粉煤灰中 SiO_2 含量为 45%~60%，Al_2O_3 含量为 20%~30%，Fe_2O_3 的含量为 5%~10%。根据国内外学者的大量实验研究成果可知：

（1）粉煤灰在胶结充填体中具有"微集料"效应，与尾砂等材料共同优化充填体结构，降低了充填成本，具有良好的经济效益和社会效益；

（2）掺加粉煤灰不利于胶结充填体的早期力学强度，具有"缓凝"效应，但对后期强度影响较小；

（3）在充填料浆中掺加粉煤灰可增加浆体的流动性能，降低管道输送阻力，改善泵送性能。

脱硫灰渣是采用干法或半干法脱硫工艺的副产品，呈浅灰色，外观像水泥的粉末。亚硫酸钙和飞灰（f-CaO）的化学成分和水化性质具有不稳定性，影响了脱硫灰渣的广泛应用。杨晓炳等研制了适用于棒磨砂粗骨料的充填胶结材料（脱硫灰渣掺量 18%），胶结充填体 3d、7d、28d 抗压强度分别达到 1.57MPa、3.64MPa、7.12MPa。吴金龙研究结果表明在 5%~25% 掺量范围内，铝酸盐水泥复掺体系的抗压强度与脱硫灰渣掺入量关系为负相关，膨胀率与灰渣掺量正相关；当脱硫灰渣掺入量 ≥10% 时，脱硫灰渣具有缓凝作用。其次，典型的工业副产石膏包含脱硫石膏、磷石膏、半水石膏等。脱硫石膏是以单独的结晶颗粒存在，颗粒大小较为均匀，水化速度比较快，其硬化后体积膨胀率较低，因此工业化应用取得了良好的推广效应。磷石膏是生产磷肥、磷酸时排放出的大宗固体废弃物，每生产 1t 磷酸约产生 5t 磷石膏，受化学组分（二水硫酸钙具有缓凝作用）和颗粒级配（细颗粒含量高）的影响作用，使其充填体早期强度受到限制。目前，外部政策环境对磷石膏资源化利用已形成倒逼机制，所以磷石膏的资源化利用和绿色发展刻不容缓。

赤泥是铝土矿提炼时的工业废渣，特点为比表面积大细颗粒含量较高，是以掺加料形式存在于其他活性复合材料。研究表明赤泥有助于改善了充填料浆的工作性能，提高了浆体的稳定性和保水性；当赤泥/粉煤灰的比值为 3:2 时，水泥掺量为 5%，提高了胶结充填材料的耐久性，降低了胶结充填体的渗透性，为工业固体废弃物的规模化利用提供了新思路。

综上所述，高炉矿渣、粉煤灰、脱硫灰渣、石膏和赤泥等均为典型的大宗工业固废。根据新时代充填特征和固废激发原理，利用工业固废研发制备充填胶结材料，不仅可以有效地降低矿山充填成本，同时可缓解工业固废所引发的环境污染问题。因此，采用工业固废作为主要原料，提出了全固废研发充填胶结材料的理念，其构思框架如图 8-1 所示。由图 8-1 可知，全固废研发充填胶结材料首先进行矿山实地调研，收集可利用的工业废渣并进行性能测试和理论分析；其次，开展物理激发或化学激发系列实验研究，优选出激发剂类型和掺量，合理设计激发工艺流程；最后制备出符合矿山安全生产、成本低、低碳环保和技术可行的充填胶结材料。此外，通过工业生产和充填实验合格后，则开展相关的工业化应用和深入推广。

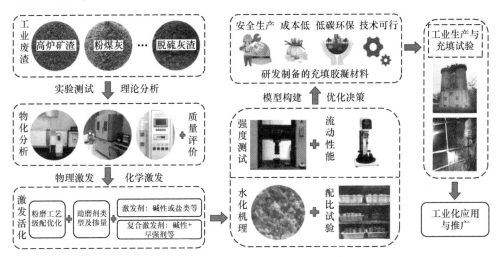

图 8-1 固废研发充填胶结材料的构思框架

8.4 胶结充填体多尺度性能

通常情况下，微观尺度范围小于 $10\mu m$，细观尺度范围 $10\sim1000\mu m$，宏观尺度范围大于 $1000\mu m$。宏观力学行为属于肉眼可见的尺度范畴；当受到外部荷载作用时，胶结充填体的宏观变形是通过内部微细结构参数的调整来实现。其次，多尺度和尺寸效应属于两个不同的概念，多尺度是指多个不同的研究维度，通常尺寸效应是指针对多个不同尺寸的研究试样呈现的力学特性。赵康等利用电子万能实验机、声发射、扫描电镜和 DIC 技术探究了胶结充填体在单轴承载作用下从微裂纹的萌生、扩展、贯通，直至宏观裂纹产生的多尺度演化过程。赵永辉等制备了 5 组不同高宽比的棱柱体试样进行单轴压缩实验，探讨了不同高宽比矸石胶结充填体的损伤演化规律及破坏特征。刘周超等开展了不同尺寸胶结充填体的力学实验，并结合 ABAQUS 有限元软件，对比分析了在不同尺寸单元充填体顶板下进路采场开挖过程的稳定性。

目前，研究岩土类材料细观结构常用方法有 X 射线扫描技术、声发射技术和核磁共振技术三种。CT 扫描作为一种无创、无损的成像技术，被长期用于检测材料内部结构。通过图像分析软件可将 CT 扫描结果转换为数值模型或三维图像，从而更定量、直观地分析胶结充填体的内部结构。易雪枫等采用原位 CT 扫描手段研究金属矿尾废胶结充填体的破裂演化过程。此外，结合体视学、分形理论等，辛杰等通过数字图像技术量化充填材料的孔隙特征，研究充填材料的微观结构与力学特性之间的关系。董越等利用计算机图像学方法，获取不同加气充填混凝土的孔隙特征，进而分析孔隙特征对加气充填混凝土力学性能和抗冻性的影响。此外，由于尾砂胶结充填体受外部荷载作用过程中内部结构演化难以进行实时捕捉，则开展数值模拟仿真对揭示其损伤破裂机理具有重要意义。杜锋等通过重构煤岩组合体三维细观结构，采用 FLAC3D 模拟含瓦斯煤岩组合体在三轴压缩以及卸围压条件下的损伤破坏规律，分析其损伤破坏特性及能量演化规律。魏天宇等运用 COMSOL 软件进行了不同地应力条件下流固耦合过程的数值模拟，探讨了水压力对于岩石损伤过程的作用机制。微观尺度的常用测试手段包含电镜 SEM、成分分析 XRD 和 XRF 等。

综上所述，研究胶结充填体多尺度力学特性的方法包括基础力学实验、数值模拟和理论分析等，图 8-2 为胶结充填体力学特性研究思路框架图。由图 8-2 可知，基础力学实验研究因测试方法的不同，其结果以多尺度、多维度形式呈现；

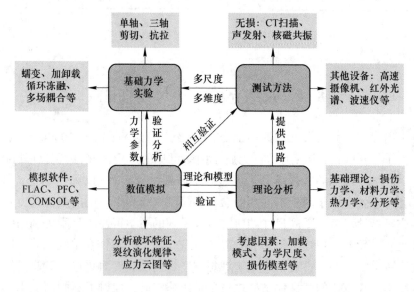

图 8-2　胶结充填体力学特性研究思路框架图

同时能够为数值模拟研究提供必要的力学参数，并与数值模拟研究存在相互验证的内在关系。测试方法的选取则需要根据基础理论分析和基础力学实验而定，例如采用高速摄像机、红外线光谱、DIC 技术或者声发射等，能够辅助力学实验取得更多有效数据，从而进行多尺度、多维度的综合分析。

8.5 本章小结

本章首先根据上述章节对纤维增强尾砂胶结充填体作用机理与工程应用初探的研究成果等，阐述了掺纤维充填体的研究现状；分析了目前掺纤维尾砂充填体存在的问题和其他可行性研究的前景展望。其次，为了响应国家政府和社会层面对环保意识的重视程度，以及不断提出的行业标准和政策导向，基于矿山充填开采变革初探的研究方向，通过改进胶结材料的研发制备，提出了固废制备胶结材料的构思框架，以期制备出符合矿山安全生产、成本低、低碳环保和技术可行的充填胶结材料，为掺纤维尾砂充填体的应用推广等提供理论依据。最后，鉴于目前矿山充填研究的方法和手段，总结了胶结充填体多尺度性能和多尺寸的区别，阐述了多种手段开展的胶结充填体细-微观性能研究工作，以期为胶结充填体力学性能等研究提供思路，或者多维度的相互验证。

参 考 文 献

[1] SUN W, HOU K P, YANG Z Q, et al. X-ray CT three-dimensional reconstruction and discrete element analysis of the cement paste backfill pore structure under uniaxial compression [J]. Construction and Building Materials, 2017, 138: 69-78.

[2] CAO S, SONG W D, Yilmaz E. Influence of structural factors on uniaxial compressive strength of cemented tailings backfill [J]. Construction and Building Materials, 2018, 174: 190-201.

[3] YILMAZ T, ERCIKDI B, DEVECI H. Utilisation of construction and demolition waste as cemented paste backfill material for underground mine openings [J]. Journal of Environmental Management, 2018, 222: 250-259.

[4] LI M H, YANG Z Q, GAO Q, et al. The orthogonal test and optimal decision for the development of new backfill cementing materials based on the rod milling sand [J]. Advanced Materials Research, 2014, 962: 1100-1105.

[5] 王新民, 张德明, 张钦礼, 等. 基于 FLOW-3D 软件的深井膏体管道自流输送性能 [J]. 中南大学学报 (自然科学版), 2011, 42 (7): 2102-2108.

[6] EMAD M Z, MITRI H S. Modelling dynamic loading on backfilled stopes in sublevel stoping systems [J]. Rock Characterisation, Modelling and Engieering Design Methods, 2013, 351-356.

[7] PAN Z, SANJAYAN J G, Rangan B V. Fracture properties of geopolymer paste and concrete [J]. Magazine of Concrete Research, 2011, 63 (10): 763-771.

[8] 刘超, 韩斌, 孙伟, 等. 高寒地区废石破碎胶结充填体强度特性试验研究与工业应用 [J]. 岩石力学与工程学报, 2015, 34 (1): 139-147.

[9] 薛亚东, 黄宏伟, 车平. 巷道底板泥化物纤维增强固化体特性试验研究 [J]. 岩石力学与工程学报, 2008, 27 (3): 505-510.

[10] BHOGAYATA A C, ARORA N K. Workability, strength, and durability of concrete containing recycled plastic fibers and styrene-butadiene rubber latex [J]. Construction and Building Materials, 2018, 180: 382-395.

[11] LI L G, CHU S H, ZENG K L, et al. Roles of water film thickness and fibre factor in workability of polypropylene fibre reinforced mortar [J]. Cement and Concrete Composites, 2018, 93: 196-204.

[12] 王湘桂, 唐开元. 矿山充填采矿法综述 [J]. 矿业快报, 2008 (12): 1-5.

[13] 王新民. 基于深井开采的充填材料与管输系统的研究 [D]. 长沙: 中南大学, 2005.

[14] 程海勇, 吴爱祥, 吴顺川, 等. 金属矿山固废充填研究现状与发展趋势 [J]. 工程科学学报, 2022, 44 (1): 11-25.

[15] 胡华, 孙恒虎. 矿山充填工艺技术的发展及似膏体充填新技术 [J]. 中国矿业, 2001, 10 (6): 47-50.

[16] 刘浪, 方治余, 张波, 等. 矿山充填技术的演进历程与基本类别 [J]. 金属矿山, 2021 (3): 1-10.

[17] 丁德强. 矿山地下采空区膏体充填理论与技术研究 [D]. 长沙: 中南大学, 2007.

［18］于润沧. 我国胶结充填工艺发展的技术创新［J］. 中国矿山工程，2010，39（5）：1-4.

［19］李翕然，杨耀亮，罗元新. 我国地下金属矿山全尾砂胶结充填技术述评［J］. 矿业研究与开发，1996（S1）：72-75.

［20］吴爱祥，杨莹，程海勇，等. 中国膏体技术发展现状与趋势［J］. 工程科学学报，2018，40（5）：517-525.

［21］赵国彦，吴攀，裴佃飞，等. 基于绿色开采的深部金属矿开采模式与技术体系研究［J］. 黄金，2020，41（9）：58-65.

［22］韦才寿，陈庆发. "同步充填"研究进展与发展方向展望［J］. 金属矿山，2020（5）：9-18.

［23］刘浪，辛杰，张波，等. 矿山功能性充填基础理论与应用探索［J］. 煤炭学报，2018，43（7）：1811-1820.

［24］齐冲冲，杨星雨，李桂臣，等. 新一代人工智能在矿山充填中的应用综述与展望［J］. 煤炭学报，2021，46（2）：688-700.

［25］袁则循. 基于CT图像的混凝土损伤演化及数值模拟研究［D］. 北京：中国矿业大学（北京），2016.

［26］王彦琪. 岩石单轴压缩破坏过程的CT试验研究［D］. 太原：太原理工大学，2010.

［27］孙伟. 塌陷区膏体处置体宏细观力学行为及协调变形控制研究［D］. 北京：北京科技大学，2015.

［28］张朝宗，郭志平，张朋，等. 工业CT技术和原理［M］. 北京：科学技术出版社，2009.

［29］任建喜，葛修润. 单轴压缩岩石损伤演化细观机理及其本构模型研究［J］. 岩石力学与工程学报，2001，20（4）：425-431.

［30］赫尔曼 G T. 由投影重建图像-CT的理论基础［M］. 北京：科学出版社，1985.

［31］KAWAKATA H, CHO A, YANAGIDANI T, et al. The observations of faulting in westerly granite under triaxial compression by X-ray CT scan［J］. International Journal of Rock Mechanics and Mining Sciences, 1997, 34: 3-4.

［32］KAWAKATA H, CHO A, KIYAMA Y, et al. Three-dimensional observations of faulting process in Westerly granite under uniaxial and triaxial conditions by X-ray CT scan［J］. Tectonophysics, 1999, 313: 293-305.

［33］RAYNAUD S, FABRE D, MAZEROLLE F, et al. Analysis of the internal structure of rocks and characterization of mechanical deformation by a non-destructive method: X-ray tomodensitometry［J］. Tectonophysics, 1989, 159: 149-159.

［34］LIU Y, MA T S, WU H, et al. Investigation on mechanical behaviors of shale cap rock for geological energy storage by linking macroscopic to mesoscopic failures［J］. Journal of Energy Storage, 2020, 29: 101326.

［35］代高飞，尹光志，皮文丽. 压缩荷载下煤岩损伤演化规律细观实验研究［J］. 同济大学学报，2004，32（5）：591-594.

［36］葛修润，任建喜，蒲毅彬，等. 煤岩三轴细观损伤演化规律的CT动态试验［J］. 岩石力学与工程学报，1999，18（5）：497-502.

[37] 卢晋波，邵利利，王志佳，等．三轴压缩下煤岩力学性能测试与 CT 扫描分析 [C]．北京：北京力学会第 18 届学术年会论文集，2012：37-38.

[38] LANDIS E N, NAGY E N, KEANE D T. Microstructure and fracture in three dimensions [J]. Engineering Fracture Mechanics, 2003, 70: 911-925.

[39] CHOTARD T J, BONCOEUR-MARTEL M P, SMITH A, et al. Application of X-ray computed tomography to characterise the early hydration of calcium aluminate cement [J]. Cement and Concrete Composites, 2003, 25 (1): 145-152.

[40] 周尚志，党发宁，陈厚群，等．基于单轴压缩 CT 实验条件下混凝土破裂分形特性分析 [J]．水力发电学报，2006，25 (5)：112-117.

[41] 党发宁，方建银，丁卫华．基于 CT 的混凝土试样静动力单轴拉伸破坏裂纹分形特征比较研究 [J]．岩石力学与工程学报，2015，34 (1)：2922-2928.

[42] 杨更社．岩石细观损伤力学特性及本构关系的 CT 识别 [J]．煤炭学报，2000，25 (S1)：102-106.

[43] 杨更社，谢定义，张长庆．岩石损伤 CT 数分布规律的定量分析 [J]．岩石力学与工程学报，1998，17 (3)：279-285.

[44] 李廷春，吕海波．三轴压缩载荷作用下单裂隙扩展的 CT 实时扫描试验 [J]．岩石力学与工程学报，2010，29 (2)：289-296.

[45] 王彦琪，冯增朝，郭红强，等．基于图像检索技术的岩石单轴压缩破坏过程 CT 描述 [J]．岩土力学，2013，34 (9)：2534-2540.

[46] 马天寿，陈平．基于 CT 扫描技术研究页岩水化细观损伤特性 [J]．石油勘探与开发，2014，41 (2)：227-233.

[47] 王宇，李晓，阙介民，等．基于 CT 图像灰度水平的孔隙率计算及应用 [J]．水利学报，2015，46 (3)：357-365.

[48] 孙华飞，鞠杨，行明旭，等．基于 CT 图像的土石混合体破裂-损伤的三维识别与分析 [J]．煤炭学报，2014，39 (3)：452-459.

[49] 毛灵涛，安里千，王志刚，等．煤样力学特性与内部裂隙演化关系 CT 实验研究 [J]．辽宁工程技术大学学报（自然科学版），2010，29 (3)：408-411.

[50] 刘向君，朱洪林，梁利喜．基于微 CT 技术的砂岩数字岩石物理实验 [J]．地球物理学报，2014，57 (4)：1133-1140.

[51] 朱红光，谢和平，易成，等．岩石材料微裂隙演化的 CT 识别 [J]．岩石力学与工程学报，2011，30 (6)：1230-1238.

[52] 李建胜，王东，康天合．基于显微 CT 实验的岩石孔隙结构算法研究 [J]．岩土工程学报，2010，32 (11)：1703-1708.

[53] 王飞，程子峰，汪虎，等．基于 MATLAB 的受荷煤样 CT 扫描图像分析 [J]．北京力学会第 20 届学术年会论文集，2014.

[54] 赵毅鑫，汉京礼，姜耀东．基于微焦点 CT 扫描的煤岩材料应变局部化数值模拟研究 [J]．塑性力学新进展——2011 年全国塑性力学会议论文集，2011.

[55] 于有，刘文斌，詹倩倩，等．煤岩破坏后工业 CT 扫描数据的三维重构方法研究 [C]．北京力学会第 17 届学术年会论文集，2011.

［56］ 张青成，左建民，毛灵涛. 基于体视学原理的煤岩裂隙三维表征试验研究［J］. 岩石力学与工程学报，2014，33（6）：1227-1232.

［57］ 张青成，王万富，左建民，等. 煤岩CT图像二值化阀值选取及三维重构技术研究［J］. CT理论与应用研究，2014，23（1）：45-51.

［58］ 孙伟，吴爱祥，侯克鹏，等. 基于X-Ray CT试验的塌陷区回填体孔隙结构研究［J］. 岩土力学，2017，38（12）：3635-3642.

［59］ WANG L B，PARK J Y，FU Y R. Representation of real particals for DEM simulationusing x-ray tomography［J］. Construction and Building Materials，2007，21：338-346.

［60］ 于庆磊，杨天鸿，唐世斌，等. 基于CT的准脆性材料三维结构重建及应用研究［J］. 工程力学，2015，32（11）：51-62.

［61］ 田威，党发宁，陈厚群. 动力荷载作用下混凝土破裂特征的CT实验研究［J］. 地震工程与工程振动，2011，31（1）：30-34.

［62］ 李兆霞. 损伤力学及其应用［M］. 北京：科学出版社，2002.

［63］ 刘传孝，蒋金泉，刘福胜，等. 岩石材料微、细、宏观断裂机理尺度效应的分形研究［J］. 岩土力学，2008，29（10）：2619-2622.

［64］ MOHAMED A R，HANSEN W. Micromechanical modeling of concrete response under static loading：Part Ⅰ：model development and validation［J］. ACI Materials Journal，1999，96（2）：196-203.

［65］ MOHAMED A R，HANSEN W. Micromechanical modeling of concrete response under static loading：Part Ⅱ：model predictions for shear and compressive loading［J］. ACI Materials Journal，1999，96（3）：254-358.

［66］ 唐春安，朱万成. 混凝土损伤与断裂数值实验［M］. 北京：科学出版社，2003.

［67］ ZHU W C，TANG C A，WANG S Y. Numerical study on the influence of mesonmechanical properties on macropic frature of concrete［J］. Strutural Engineering and Mechanics，2005，19（5）：519-534.

［68］ 葛修润，任建兽，蒲毅彬，等. 岩土损伤力学宏细观实验研究［M］. 北京：科学出版社，2004.

［69］ DAI Q. Two and three-dimensional micromechanical viscoelastic finite element modeling of stone-based materials with X-ray computed tomography images［J］. Construction and building materials，2011，25（2）：1102-1114.

［70］ COLERI E，HARVEY J T，YANG K，et al. Development of a micromechanical finite element model from computed tomography images for shear modulus simulation of asphalt mixtures［J］. Construction and Building Materials，2012（30）：783-793.

［71］ 甘艳朋. 基于多尺度理论的混凝土宏-细观力学特性［D］. 长春：吉林大学，2016.

［72］ 何建. 轻骨料碳纤维混凝土宏观力学性能及细观结构的试验研究［D］. 衡阳：南华大学，2007.

［73］ 阚晋，彭兴黔. 通过观测硬化水泥浆体的细观孔隙结构预测其宏观力学性能［J］. 硅酸盐学报，2016，44（5）：668-672.

［74］ 杨永杰，王德超，王凯，等. 煤岩强度及变形特征的微细观损伤机理［J］. 工程力学，

2011, 33 (6): 653-657.

[75] 刘冬梅, 蔡美峰, 周玉斌, 等. 岩石细观损伤演化与宏观变形响应关联研究 [J]. 中国钨业, 2006, 21 (4): 16-19.

[76] KOOHESTANI B, Koubaa A, Belem T, et al. Experimental investigation of mechanical and microstructural properties of cemented paste backfill containing maple-wood filler [J]. Construction and Building Materials, 2016, 121: 222-228.

[77] CONSOLI N C, NIERWINSKI H P, DA SILVA A P, et al. Durability and strength of fiber-reinforced compacted gold tailings cement blends [J]. Geotextiles and Geomembranes, 2017, 45 (2): 98-102.

[78] YI X W, MA G W, FOURIE A. Compressive behaviour of fibre-reinforced cemented paste backill [J]. Geotextiles and Geomembranes, 2015, 43: 207-215.

[79] FESTUGATO L, FOURIE A, CONSOLI N C. Cyclic shear response of fibre-reinforced cemented paste backfill [J]. Geotechnique Letters, 2013, 3 (1): 5-12.

[80] 康晶, 邹磊堂, 蔡晓丽. 纤维高性能混凝土早龄期抗裂性能研究 [J]. 北京交通, 2014, 1: 87-90.

[81] 邓宗才, DAUD Jumbe R. 混掺纤维 RPC 增韧特性试验研究 [J]. 建筑材料学报, 2015, 18 (2): 202-207.

[82] 邓宗才. 混杂纤维增强超高性能混凝土弯曲韧性与评价方法 [J]. 复合材料学报, 2016, 33 (6): 1274-1280.

[83] PAKRAVANA H R, LATIFI M, JAMSHIDI M. Hybrid short fiber reinforcement system in concrete: A review [J]. Construction and Building Materials, 2017, 142: 280-294.

[84] 曹霞, 宋亚运, 金奇志, 等. 掺入钢纤维和聚丙烯纤维对活性粉末混凝土使用寿命的影响 [J]. 混凝土, 2015, 7: 71-74.

[85] MOUNES S M, KARIM M R, KHODAII A, et al. Evaluation of permanent deformation of geogrid reinforced asphalt concrete using dynamic creep test [J]. Geotextiles and Geomembranes, 2016, 44: 109-116.

[86] 刘志华, 马军涛, 张磊, 等. 植物纤维增强生土基复合材料的性能研究 [J]. 混凝土与水泥制品, 2016, 7: 54-56.

[87] FESTUGATO L, DA SILVA A P, DIAMBRA A, et al. Modelling tensile/compressive strength ratio of fibre reinforced cemented soils [J]. Geotextiles and Geomembranes, 2018, 46: 155-165.

[88] ZAREEI S A, AMERI F, BAHRAMI N. Microstructure, strength, and durability of eco-friendly concretes containing sugarcane bagasse ash [J]. Construction and Building Materials, 2018, 184: 258-268.

[89] MASTALI M, DALVAND A. The impact resistance and mechanical properties of self-compacting concrete reinforced with recycled CFRP pieces [J]. Composites Part B: Engineering, 2016, 92: 360-376.

[90] BHUTTA A, FAROOQ M, ZANOTTI C, et al. Pull-out behavior of different fibers in geopolymer mortars: effects of alkaline solution concentration and curing [J]. Materials and

structures, 2017, 50 (1): 80.

[91] CONSOLI N C, BASSANI M A A, FESTUGATO L. Effect of fiber-reinforcement on the strength of cemented soils [J]. Geotextiles and Geomembranes, 2010, 28 (4): 344-351.

[92] PAKRAVAN H R, LATIFI M, JAMSHIDI M. Hybrid short fiber reinforcement system in concrete: a review [J]. Construction and Building Materials, 2017, 142: 280-294.

[93] TEUKU B A, RINALDI. Bending capacity analysis of high-strength reinforced concrete beams using environmentally friendly synthetic fiber composites [J]. Procedia Engineering, 2015, 125: 1121-1128.

[94] RANJBAR N, MEHRALI M, BEHNIA A, et al. A comprehensive study of the polypropylene fiber reinforced fly ash based geopolymer [J]. Plos One, 2016, 11 (1): 0147546.

[95] WANG S S, LE H T N, POH L H, et al. Resistance of high-performance fiber-reinforced cement composites against high-velocity projectile impact [J]. International Journal of Impact Engineering, 2016, 95: 89-104.

[96] GOKOZ U, NAAMAN A E. Effect of strain-rate on the pull-out behaviour of fibres in mortar [J]. International Journal of Cement Composites. 1981, 3: 187-202.

[97] CAVERZAN A, CADONI E, DI PRISCO M. Tensile behaviour of high performance fibre-reinforced cementitious composites at high strain rates [J]. International Journal of Impact Engineering, 2012, 45: 28-38.

[98] FARNAM Y, MOHAMMADI S, SHEKARCHI M. Experimental and numerical investigations of low velocity impact behavior of high-performance fiber-reinforced cement based composite [J]. International Journal of Impact Engineering, 2010, 37: 220-229.

[99] KIM K C, YANG I H, JOH C B. Effects of single and hybrid steel fiber lengths and fiber contents on the mechanical properties of high-strength fiber-reinforced concrete [J]. Advances in Civil Engineering, 2018, 7826156.

[100] WAN Y, TAKAHASHI J. Tensile and compressive properties of chopped carbon fiber tapes reinforced thermoplastics with different fiber lengths and molding pressures [J]. Composites: Part A, 2016, 87: 271-281.

[101] ARAYA-LETELIER G, CONCHA-RIEDEL J, ANTICO F C, et al. Influence of natural fiber dosage and length on adobe mixes damage-mechanical behavior [J]. Construction and Building Materials, 2018, 174: 645-655.

[102] CHOI W, JANG S J, YUN H D. Feasibility of reduced lap-spliced length in polyethylene fiber-reinforced strain-hardening cementitious composite [J]. Advances in Materials Science and Engineering, 2018: 1967936.

[103] AREL H S. Effects of curing type, silica fume fineness, and fiber length on the mechanical properties and impact resistance of UHPFRC [J]. Results in Physics, 2016, 6: 664-674.

[104] MASTALI M, DALVAND A, SATTARIFARD A. The impact resistance and mechanical properties of the reinforced self-compacting concrete incorporating recycled CFRP fiber with different lengths and dosages [J]. Composites Part B, 2017, 112: 74-92.

[105] ABBAS S, SOLIMAN A M, NEHDI M L. Exploring mechanical and durability properties of

ultra-high performance concrete incorporating various steel fiber lengths and dosages [J]. Construction and Building Materials, 2015, 75: 429-441.

[106] LAIBI A B, POULLAIN P, LEKLOU N, et al. Influence of the length of kenaf fibers on the mechanical and thermal properties of compressed earth blocks (CEB) [J]. KSCE Journal of Civil Engineering, 2018, 22 (2): 785-793.

[107] KIM B J, YI C, AHN Y R. Effect of embedment length on pullout behavior of amorphous steel fiber in Portland cement composites [J]. Construction and Building Materials, 2017, 143: 83-91.

[108] FESTUGATO L, MENGER E, BENEZRA F, et al. Fibre-reinforced cemented soils compressive and tensile strength assessment as a function of filament length [J]. Geotextiles and Geomembranes, 2017, 45: 77-82.

[109] 胡亚飞, 李克庆, 韩斌, 等. 基于响应面法-满意度准则的混合骨料充填体强度发展与优化分析 [J]. 中南大学学报, 2022, 53 (2): 620-630.

[110] WU J Y, JING H W, YIN Q, et al. Strength and ultrasonic properties of cemented waste rock backfill considering confining pressure, dosage and particle size effects [J]. Construction and Building Materials, 2020, 242, 118132.

[111] 杜兆文, 陈绍杰, 尹大伟, 等. 氯盐侵蚀环境下膏体充填体稳定性试验研究 [J]. 中国矿业大学学报, 2021, 50 (3): 532-538, 547.

[112] 刘浪, 朱超, 陈国龙, 等. 微观尺度下含硫尾砂胶结充填体侵蚀机理 [J]. 西安科技大学学报, 2018, 38 (4): 553-561.

[113] ZHOU N, DONG C W, ZHANG J X, et al. Influences of mine water on the properties of construction and demolition waste-based cemented paste backfill [J]. Construction and Building Materials, 2021, 313: 125492.

[114] 姜关照, 吴爱祥, 李红, 等. 含硫尾砂充填体长期强度性能及其影响因素 [J]. 中南大学学报 (自然科学版), 2018, 49 (6): 1504-1510.

[115] 陈贝妮. 工业固体废弃物基胶凝材料的生命周期综合效益评价研究 [D]. 西安: 长安大学, 2021.

[116] Xiu Z G, Wang S H, Ji Y C, et al. Experimental study on the triaxial mechanical behaviors of the cemented paste backfill: effect of curing time, drainage conditions and curing temperature [J]. Journal of Environmental Management, 2022, 301: 113828.

[117] 刘树龙, 刘国磊, 李公成, 等. 养护条件对胶结充填体早期力学性能及微观结构的影响机制 [J]. 有色金属工程, 2021, 11 (8): 83-92.

[118] Belem T, Benzaazoua M. Design and application of underground mine paste backfill technology. Geotechnical and Geological Engineering, 2008, 26 (2): 147.

[119] 严荣富, 尹升华, 刘家明, 等. 掺聚丙烯纤维粗骨料膏体流变性能及计算模型 [J]. 中南大学学报 (自然科学版), 2022, 53 (4): 1450-1460.

[120] 薛希龙. 黄梅磷矿高浓度全尾砂充填技术研究 [D]. 长沙: 中南大学, 2012.

[121] 宋卫东, 李豪风, 雷远坤, 等. 程潮铁矿全尾砂胶结性能实验研究 [J]. 矿业研究与开发, 2012, 32 (1): 8-11.

[122] 徐文彬, 田喜春, 邱宇, 等. 胶结充填体固结全程电阻率特性试验 [J]. 中国矿业大学学报, 2017, 46 (2): 266-272, 344.

[123] 曹帅, 宋卫东, 薛改利, 等. 考虑分层特性的尾砂胶结充填体强度折减试验研究 [J]. 岩土力学, 2015, 36 (10): 2869-2876.

[124] 宋卫东, 朱鹏瑞, 戚伟, 等. 三轴作用下岩柱-充填体试件耦合作用机理研究 [J]. 采矿与安全工程学报, 2017, 34 (3): 573-579.

[125] 赵国彦, 吴浩, 陈英, 等. 矿山充填材料承载机制及压缩特性实验研究 [J]. 中国矿业大学学报, 2017, 46 (6): 1251-1258, 1266.

[126] WU D, HOU W T, LIU S, et al. Mechanical response of barricade to coupled THMC behavior of cemented paste backfill [J]. International Journal of Concrete Structures and Materials, 2020, 14 (1): 39.

[127] HOU J F, GUO Z P, ZHAO L J, et al. Study on the damage statistical strength criterion of backfill with crack under thermo-mechanical coupling [J]. International Journal of Green Energy, 2020, 17 (8): 501-509.

[128] 王志国. 挤压爆破在胶结充填采矿法中应用可行性研究 [J]. 黄金, 2008, 29 (3): 21-24.

[129] 刘志祥, 李夕兵. 爆破动载下高阶段充填体稳定性研究 [J]. 矿冶工程, 2004, 24 (3): 22-24.

[130] 张福利, 倪文, 高术杰, 等. 镍渣胶结充填体动静加载状态下的强度特性 [J]. 矿业研究与开发, 2014, 34 (5): 19-22, 30.

[131] ZHOU Z L, LI X B, YE Z Y, et al. Obtaining constitutive relationship for rate-dependent rock in SHPB tests [J]. Rock Mechanics and Rock Engineering, 2010, 43 (6): 697-706.

[132] XIE Y J, FU Q, ZHENG K R, et al. Dynamic mechanical properties of cement and asphalt mortar based on SHPB test [J]. Construction and Building Materials, 2014, 70 (21): 217-225.

[133] LIU J, LIU J X, DING H S, et al. Study on impact protection properties of titanium alloy using modified SHPB [J]. Applied Mechanics and Materials, 2013, 302 (2): 14-19.

[134] 王俊程, 付玉华, 侯永强, 等. 不同配合比下尾砂充填体的动载冲击破坏研究 [J]. 矿业研究与开发, 2017, 37 (3): 8-13.

[135] 曹帅. 胶结充填体结构与动力学特性研究及应用 [D]. 北京: 北京科技大学, 2017.

[136] 侯永强, 王磊, 张耀平, 等. 孔隙度变化对充填体动载冲击变形的影响 [J]. 化工矿物与加工, 2017 (8): 60-62.

[137] 杨伟, 陶明, 李夕兵, 等. 高应变率下灰砂比对全尾胶结充填体力学性能影响 [J]. 东北大学学报 (自然科学版), 2017, 38 (11): 1659-1663.

[138] 杨伟, 张钦礼, 杨珊, 等. 动载下高浓度全尾砂胶结充填体的力学特性 [J]. 中南大学学报 (自然科学版), 2017, 48 (1): 156-161.

[139] 张钦礼, 杨伟, 杨珊, 等. 动载下高密度全尾砂胶结充填体稳定性试验研究 [J]. 中国安全科学学报, 2015, 25 (3): 78-82.

[140] 李海涛, 蒋春祥, 姜耀东, 等. 加载速率对煤样力学行为影响的试验研究 [J]. 中国

矿业大学学报, 2015, 44 (3): 430-436.

[141] 柯愈贤, 王新民, 张钦礼, 等. 基于全尾砂充填体非线性本构模型的深井充填强度指标 [J]. 东北大学学报 (自然科学版), 2017, 38 (2): 280-283.

[142] 王勇, 吴爱祥, 王洪江, 等. 初始温度条件下全尾胶结膏体损伤本构模型 [J]. 工程科学学报, 2017, 39 (1): 31-38.

[143] ZHANG Y H, WANG X M, WEI C, et al. Dynamic mechanical properties and instability behavior of layered backfill under intermediate strain rates [J]. Transaction of Nonferrous Metals Society of China, 2017, 27: 1608-1617.

[144] 徐琳慧. 动载作用下充填体力学特性的研究及应用 [D]. 北京: 北京科技大学, 2016.

[145] 张晓春, 杨挺青, 缪协兴. 岩石裂纹演化及其力学特性的研究进展 [J]. 力学进展, 1999, 29 (1): 97-104.

[146] 凌建明, 孙钧. 脆性岩石的细观裂纹损伤及其时效特征 [J]. 岩石力学与工程学报, 1993, 12 (4): 304-312.

[147] 白以龙, 柯孚久, 夏蒙棼. 固体中微裂纹系统统计演化的基本描述 [J]. 力学学报, 1991, 23 (3): 290-297.

[148] KULATILAKE P H, BALASINGAM P, PARK J R, et al. Natural rock joint roughness quantification trough fractal techniques [J]. Geotechnical and Geological Engineering, 2006, 24 (5): 1181-1202.

[149] MATUSUI G. Laboratory simulation of planetesimal collision [J]. Journal of Geophysical Research, 1952, 87 (9): 968-982.

[150] 刘少虹, 李凤明, 蓝航, 等. 动静加载下煤的破坏特性及机制的试验研究 [J]. 岩石力学与工程学报, 2013, 32 (S2): 3749-3759.

[151] KRAJCINOVIC D, FONSEKA G U. The continuous damage theroy of brittle materials [J]. Journal of Applied Mechanics, 1981, 48 (4): 809-815.

[152] 吴刚, 孙钧, 吴中如. 复杂应力状态下完整岩体卸荷破坏的损伤力学分析 [J]. 河海大学学报 (自然科学版), 1997 (3): 44-49.

[153] 单仁亮, 程瑞强, 高文蛟. 云驾岭煤矿无烟煤的动态本构模型研究 [J]. 岩石力学与工程学报, 2006, 25 (11): 2258-2263.

[154] 杨天雨. 矿山胶结充填体损伤过程声发射特性研究与应用 [D]. 昆明: 昆明理工大学, 2017.

[155] 吴姗. 大冶铁矿崩落转充填法联合高效安全开采技术及应用 [D]. 北京: 北京科技大学, 2014.

[156] 孙琦, 张向东, 杨逾. 膏体充填开采胶结体的蠕变本构模型 [J]. 煤炭学报, 2013, 38 (6): 994-1000.

[157] 刘海峰, 宁建国. 冲击荷载作用下混凝土材料的细观本构模型 [J]. 爆炸与冲击, 2009, 29 (3): 261-267.

[158] 付玉凯, 解北京, 王启飞. 煤的动态力学本构模型 [J]. 煤炭学报, 2013, 38 (10): 1769-1774.

[159] 侯永强, 张耀平, 王磊, 等. 干燥及饱水充填体的动载破坏特性研究 [J]. 化工矿物

与加工, 2017 (7): 38-41, 45.

[160] 赵光明, 谢理想, 孟祥瑞. 软岩的动态力学本构模型 [J]. 爆炸与冲击, 2013, 33 (2): 126-132.

[161] 谢理想, 赵光明, 孟祥瑞. 软岩及混凝土材料损伤型黏弹性动态本构模型研究 [J]. 岩石力学与工程学报, 2013, 32 (4): 857-864.

[162] 杨艳, 赵莹, 刘红岩. 单轴压缩下岩石动态细观损伤本构模型 [J]. 矿业研究与开发, 2017, 37 (4): 72-79.

[163] MÉSZÖLY T, RANDL N. Shear behavior of fiber-reinforced ultra-high performance concrete beams [J]. Engineering Structures, 2018, 168: 119-127.

[164] KWAN A K H, CHU S H. Direct tension behaviour of steel fibre reinforced concrete measured by a new test method [J]. Engineering Structures, 2018, 176: 324-336.

[165] YILMAZ E, BELEM T, BENZAAZOUA M. Specimen size effect on strength behavior of cemented paste backfills subjected to different placement conditions [J]. Engineering Geology, 2015, 185: 52-62.

[166] CAO S, SONG W D, YILMAZ E. Influence of structural factors on uniaxial compressive strength of cemented tailings backfill [J]. Construction and Building Materials, 2018, 174: 190-201.

[167] KOOHESTANI B, KOUBAA A, BELEM T, et al. Experimental investigation of mechanical and microstructural properties of cemented paste backfill containing maple-wood filler [J]. Construction and Building Materials, 2016, 121: 222-228.

[168] 程爱平, 张玉山, 戴顺意, 等. 单轴压缩胶结充填体声发射参数时空演化规律及破裂预 [J]. 岩土力学, 2019, 40 (8): 1-10.

[169] 王笑然, 王恩元, 刘晓斐, 等. 混凝土损伤演化声发射和超声波时-频-空联合响应 [J]. 中国矿业大学学报, 2019, 48 (2): 268-277.

[170] XIAO F K, LIU G, ZHANG Z, et al. Acoustic emission characteristics and stress release rate of coal samples in different dynamic destruction time [J]. International Journal of Mining Science and Technology, 2016, 26 (6): 981-988.

[171] 孙光华, 魏莎莎, 刘祥鑫. 基于声发射特征的充填体损伤演化研究 [J]. 实验力学, 2017, 32 (1): 137-144.

[172] 邓侃, 刘家祥, 涂昆. 玻纤、矿纤对钢渣/矿渣复合胶凝材料强度和膨胀性的影响 [J]. 北京化工大学学报 (自然科学版), 2015, 42 (2): 46-51.

[173] 杨为民, 宋杰, 刘斌, 等. 饱水过程中类岩石材料波速和电阻率变化规律及其相互关系实验研究 [J]. 岩石力学与工程学报, 2015, 34 (4): 703-712.

[174] 严明庆, 朱宝龙, 易发成, 等. 缓冲/回填材料的热损伤与纵波速度关系研究 [J]. 岩石力学与工程学报, 2012, 31 (S1): 2855-2858.

[175] XUE G L, YILMAZ E, SONG W D, et al. Mechanical, flexural and microstructural properties of cement-tailings matrix composites: Effects of fiber type and dosage [J]. Construction and Building Materials, 2019, 172: 131-142.

[176] 朱鹏瑞, 宋卫东, 曹帅, 等. 爆破动载下胶结充填体的张拉力学响应机制 [J]. 采矿与安全工程学报, 2018, 35 (3): 605-611.

［177］ ZHOU J, PAN J, LEUNG C K Y. Mechanical behavior of fiber reinforced engineered cementitious composites in uniaxial compression ［J］. ASCE Journal of materials in Civil Engineering, 2015, 27 (1): 1-10.

［178］ SWETA K, HUSSAINI S K K. Effect of shearing rate on the behavior of geogrid-reinforced railroad ballast under direct shear conditions ［J］. Geotextiles and Geomembranes, 2018, 46: 251-256.

［179］ 王振波. 聚乙烯醇-钢纤维混杂增强水泥基复合材料力学性能研究 ［D］. 北京: 清华大学, 2016.

［180］ 蔡向荣, 徐世烺. UHTCC 单轴受压韧性的实验测定与评价指标 ［J］. 工程力学, 2010, 27 (5): 218-224, 239.

［181］ 李文臣. 硫酸盐对胶结充填体早期性能的影响及其机理研究 ［D］. 北京: 中国矿业大学, 2016.

［182］ 何吉, 徐小雪. 全级配混凝土抗压强度尺寸效应及影响因素的统计分析 ［J］. 水利与建筑工程学报, 2018, 16 (4): 89-93.

［183］ 赵壮, 冯博, 刘刚, 等. 不同形状尺寸对混凝土试件抗压强度的关系 ［J］. 北方建筑, 2016, 1 (2): 39-41, 79.

［184］ 江世永, 陶帅, 姚未来, 等. 高韧性纤维混凝土单轴受压性能及尺寸效应 ［J］. 材料导报, 2017, 31 (12): 161-168, 173.

［185］ LE J L, CANER F C, YU Q, et al. Size effect on strength of bimaterial joints: computational approach versus analysis and experiment ［J］. Civil and Environmental Engineering, 2009, 9: 6689-6698.

［186］ 王笑然, 王恩元, 刘晓斐, 等. 混凝土损伤演化声发射和超声波时-频-空联合响应 ［J］. 中国矿业大学学报, 2019, 48 (2): 268-277.

［187］ WANG R, GAO X J, LI Q Y, et al. Influence of splitting load on transport properties of ultra-high performance concrete ［J］. Construction and Building Materials, 2018, 171: 708-718.

［188］ 张盛, 王启智. 用5种圆盘试件的劈裂实验确定岩石断裂韧度 ［J］. 岩土力学, 2009, 30 (1): 12-18.

［189］ 邓宗才, 冯琦. 混杂纤维活性粉末混凝土的断裂性能 ［J］. 建筑材料学报, 2016, 19 (1): 14-21.

［190］ DU Y X, ZHANG X Y, ZHOU F, et al. Flexural behavior of basalt textile-reinforced concrete ［J］. Construction and Building Materials, 2018, 183: 7-21.

［191］ CUNHA VMCF, BARROS JAO, SENA-CRUZ J M. Pullout behavior of steel fibers in self-compacting concrete ［J］. Journal of Materials in Civil Engineering, 2010, 22 (1): 1-9.

［192］ AHMADI M, FARZIN S, HASSANI A, et al. Mechanical properties of the concrete containing recycled fibers and aggregates ［J］. Construction and Building Materials, 2017, 144 (30): 392-398.

［193］ BHUTTA A, BORGES P H R, ZANOTTI C, et al. Flexural behavior of geopolymer composites reinforced with steel and polypropylene macro fibers ［J］. Cement and Concrete Composites, 2017, 80: 31-40.

[194] 邓代强，高永涛，吴顺川，等．水泥尾砂充填体劈裂拉伸破坏的能量耗散特征 [J]．
北京科技大学学报，2009，31（2）：144-148.

[195] 彭守建，陈灿灿，许江，等．基于巴西劈裂试验的岩石应力-应变曲线荷载速率依存性
研究 [J]．岩石力学与工程学报，2018，37：3247-3252.

[196] XU W B, WANG C P. Fracture behaviour of cemented tailing backfill with pre-existing crack
and thermal treatment under three-point bending loading: experimental studies and particle
flow code simulation [J]. Engineering Fracture Mechanics, 2018, 195: 129-141.

[197] 冯鹏，陆新征，叶列平．纤维增强复合材料建设工程应用技术 [M]．北京：中国建筑
工业出版社，2011.

[198] CUNDALL P A. A computer model for simulating progressive, large-scale movements in blocky
rock systems [J]. Rock Fragmentation by Blasting, 1971, 2: 2-8.

[199] 夏磊，曾亚武．基于 PFC 2D 数值模拟的交替压裂中应力阴影效应研究 [J]．岩土力学，
2018，39（11）：4269-4277，4286.

[200] 邓树新，郑永来，冯利坡，等．试验设计法在硬岩 PFC 3D 模型细观参数标定中的应用
[J]．岩土工程学报，2019，41（4）：655-664.

[201] HAERI H, SARFARAZI V, ZHU Z M, et al. Experimental and numerical studies of the pre-
existing cracks and pores interaction in concrete specimens under compression [J]. Smart
Structures and System, 2019, 23（5）：479-493.

[202] 芮勇勤，肖让，杨保存，等．盐冻融蚀环境玄武岩纤维混凝土 BFC 阻裂与抗冲击性能
[M]．沈阳：东北大学出版社，2015.

[203] 渝家欢．超强韧性纤维混凝土的性能及应用 [M]．北京：中国建筑工业出版
社，2012.

[204] HAN Z H, ZHANG L Q, ZHOU J. Numerical investigation of mineral grain shape effects on
strength and fracture behaviors of rock material [J]. Applied Sciences, 2019, 9
（14）：2855.

[205] 徐文彬，曹培旺，程世康．不同偏置裂纹充填体断裂特性试验 [J]．岩土力学，2018，
39（5）：1643-1652.

[206] KHAN M, CAO M L, ALI M. Effect of basalt fibers on mechanical properties of calcium
carbonate whisker-steel fiber reinforced concrete [J]. Construction and Building Materials,
2018, 192: 742-753.

[207] CONSOLI N C, MARQUES S F V, SAMPA N C, et al. A general relationship to estimate
strength of fibre-reinforced cemented fine-grained soils [J]. Geosynthetics International,
2017, 24（4）：435-441.

[208] CAO S, YILMAZ E, SONG W D. Evaluation of viscosity, strength and microstructural
properties of cemented tailings backfill [J]. Minerals, 2018, 8（8）：352.

[209] 何杰．多尺度纤维组合增强超高性能混凝土应变硬化效果研究 [D]．北京：北京交通
大学，2018.

[210] NABATI A, GHANBARI-GHAZIJAHANI T, NG C T. CFRP-reinforced concrete-filled steel
tubes with timber core under axial loading [J]. Composite Structures, 2019, 217: 37-49.

[211] 毛灵涛, 孙倩文, 袁则循, 等. 基于 CT 图像的混凝土单轴压缩裂隙与应变场分析 [J]. 建筑材料学报, 2016, 19 (3): 449-456.

[212] SKARZYNSKI L, MARZEC I, TEJCHMAN J. Fracture evolution in concrete compressive fatigue experiments based on X-ray micro-CT images [J]. International Journal of Fatigue, 2019, 122: 256-272.

[213] 孙伟, 吴爱祥, 侯克鹏, 等. 基于 X-Ray CT 试验的塌陷区回填体孔隙结构研究 [J]. 岩土力学, 2017, 38 (12): 3635-3642.

[214] HE R, YE H L, MA H Y, et al. Correlating the chloride diffusion coefficient and pore structure of cement-based materials using modified noncontact electrical resistivity measurement [J]. Journal of Materials in Civil Engineering, 2019, 31 (3): 04019006.

[215] XU F, DENG X, PENG C, et al. Mix design and flexural toughness of PVA fiber reinforced fly ash-geopolymer composites [J]. Construction and Building Materials, 2017, 150: 179-189.

[216] ABDOLLAHNEJAD Z, MASTALI M, LUUKKONEN T, et al. Fiber-reinforced one-part alkali-activated slag/ceramic binders [J]. Ceramics International, 2018, 44: 8963-8976.

[217] MADADI A, ESKANDARI-NADDAF H, SHADNIA R, et al. Characterization of ferrocement slab panels containing lightweight expanded clay aggregate using digital image correlation technique [J]. Construction and Building Materials, 2018, 180: 464-476.

[218] ABDOLLAHNEJAD Z, MASTALI M, MASTALI M, et al. Comparative study on the effects of recycled glass fiber on drying shrinkage rate and mechanical properties of the self-compacting mortar and fly ash-slag geopolymer mortar [J]. Journal of Materials in Civil Engineering, 2017, 29 (8): 04017076.

[219] XU J, YAO W, WANG R Q. Nonlinear conduction in carbon fiber reinforced cement mortar [J]. Cement and Concrete Composites, 2011, 33 (3): 444-448.

[220] ARDANUY M, CLARAMUNT J, TOLEDO R D. Cellulosic fiber reinforced cement-based composites: a review of recent research [J]. Construction and Building Materials, 2015, 79 (3): 115-128.

[221] 高晓亮, 王志良, 刘冀伟, 等. 基于灰度特征统计的可变区域图像分割算法 [J]. 光学学报, 2011, 31 (1): 1-6.

[222] WANG H N, ZHANG R, CHEN Y, et al. Study on microstructure of rubberized recycled hot mix asphalt based X-ray CT technology [J]. Construction and Building Materials, 2016, 121: 177-184.

[223] 钟江城. 基于 CT 可视化的深部煤体损伤和渗透率演化规律研究 [D]. 北京: 中国矿业大学 (北京), 2018.

[224] 胡建华, 蒋权, 任启帆, 等. 充填体孔隙结构与中观参数跨尺度关联特征 [J]. 中国有色金属学报, 2018, 28 (10): 2154-2163.

[225] TKACHENKO I, PUECH W, STRAUSS O, et al. Centrality bias measure for high density QR code module recognition [J]. Signal Processing-Image Communication, 2016 (41): 46-60.

[226] 付裕, 陈新, 冯中亮. 基于 CT 扫描的煤岩裂隙特征及其对不同围压下破坏形态的影响

[J]. 煤炭学报, 2019 (7): 1-10.

[227] AI D H, ZHAO Y C, WANG Q F, et al. Experimental and numerical investigation of crack propagation and dynamic properties of rock in SHPB indirect tension test [J]. International Journal of Impact Engineering, 2019, 126: 135-146.

[228] 吕太洪. 基于 SHPB 的混凝土及钢筋混凝土冲击压缩力学行为研究 [D]. 北京: 中国科学技术大学, 2018.

[229] 吴帅峰. 威远硅质粉砂岩的冲击损伤及损伤演化研究 [D]. 北京: 中国矿业大学 (北京), 2017.

[230] 王蒙, 朱哲明, 王雄. 冲击荷载作用下的 I/II 复合型裂纹扩展规律研究 [J]. 岩石力学与工程学报, 2016, 35 (7): 1323-1332.

[231] ZHAO Y X, GONG S, HAO X J, et al. Effects of loading rate and bedding on the dynamic fracture toughness of coal: laboratory experiments [J]. Engineering Fracture Mechanics, 2017, 178: 375-391.

[232] AVACHAT S, ZHOU M. High-speed digital imaging and computational modeling of hybrid metal-composite plates subjected to water-based impulsive loading [J]. Experimental Mechanics, 2016, 56 (4): 545-567.

[233] 宫凤强. 动静组合加载下岩石力学特性和动态强度准则的试验研究 [D]. 长沙: 中南大学, 2010.

[234] 叶中豹. 新型复合防护材料的动静态力学特性和工程应用研究 [D]. 北京: 中国科学技术大学, 2018.

[235] 吴爱祥, 张爱卿, 王洪江, 等. 膏体假顶力学模型研究即有限元分析 [J]. 采矿与安全工程学报, 2017, 34 (3): 587-593.

[236] 韩斌, 吴爱祥, 邓建, 等. 基于可靠度理论的下向进路胶结充填技术分析 [J]. 中南大学学报 (自然科学版), 2006, 37 (3): 583-587.

[237] 中华人民共和国自然资源部. 中国矿产资源报告 2022 年 [Z]. 北京: 地质出版社, 2022.

[238] 赵源, 赵国彦, 裴佃飞, 等. 地下金属矿绿色开采模式的内涵、特征与类型分析 [J]. 中国有色金属学报, 2021, 31 (12): 3700-3712.

[239] 柳晓娟, 侯华丽, 孙映祥, 等. 关于中国绿色矿业内涵与实现路径的思考 [J]. 矿业研究与开发, 2021, 41 (10): 180-186.

[240] 林卫星, 张芫涛, 刘奇, 等. "双碳" 目标下矿产资源开发布局思考 [J]. 矿业研究与开发, 2022, 42 (6): 153-159.

[241] CHEN Q S, ZHU L M, WANG Y M, et al. The carbon uptake and mechanical property of cemented paste backfill carbonation curing for low concentration of CO_2 [J]. Science of the Total Environment, 2022, 852: 158516.

[242] SU L J, FU G S, WANG Y L, et al. Preparation and performance of a low-carbon foam material of fly-ash-based foamed geopolymer for the goaf filling [J]. Materials, 2020, 13 (4): 841.

[243] QIU J P, ZHAO Y L, LONG H, et al. Low-carbon binder for cemented paste backfill:

flowability, strength and leaching characteristics [J]. Minerals, 2019, 9 (11): 707.

[244] 中华人民共和国自然资源部. 全国矿产资源规划（2016—2020年）[Z]. 北京：中华人民共和国自然资源部，2016.

[245] 中华人民共和国国家质量监督检验检疫总局. GB/T 34679—2017 智慧矿山信息系统通用技术规范 [S]. 北京：中国标准出版社，2017.

[246] 胡乃民. 非煤智慧矿山建设中5G技术应用前景 [J]. 金属矿山，2021，542 (8)：158-163.

[247] 葛虎胜，宫福会，孙炎炎，等. 双5G网络下露天智能矿山系统构建与应用 [J]. 金属矿山，2022 (9)：167-173.

[248] 佚名. 凡口铅锌矿地下智能开采技术获突破 [J]. 世界有色金属，2015 (11)：111.

[249] 沙文忠，张驰，彭张，等. 普朗铜矿采区溜井精细化扫描及建模技术 [J]. 矿冶，2020，29 (1)：5-10.

[250] 李新明. 积极推进数字化建设打造"安全·和谐"地采矿山 [C] //十一省（市）金属（冶金）学会安全环保学术交流会会议资料. 北京：北京金属学会，2015：27.

[251] 赵威，李威，黄树巍，等. 三山岛金矿智能绿色矿山建设实践 [J]. 黄金科学技术，2018，26 (2)：219-227.

[252] 王增加，齐兆军，寇云鹏，等. 智慧充填系统赋能矿山新发展 [J]. 矿业研究与开发，2022，42 (1)：156-161.

[253] 陈鑫政，杨小聪，郭利杰，等. 矿山充填智能控制系统设计及工程应用 [J]. 有色金属工程，2022，12 (2)：114-120.

[254] 昌欢，朱子康，顾宝澍，等. 基于BP神经网络的钢尾渣-矿渣基充填料强度预测 [J]. 安徽工业大学学报（自然科学版）. 2022，39 (3)：256-261，267.

[255] 刘建东. 高构造应力缓倾斜厚大矿体厚硬顶板与充填体相互作用机理及沉降控制 [D]. 徐州：中国矿业大学，2020.

[256] QIU J P, GUO Z B, LI L, et al. A hybrid artificial intelligence model for predicting the strength of foam-cemented paste backfill [J]. Ieee Access, 2020, 8: 84569-84583.

[257] BEHERA S K, MISHRA D P, SINGH P, et al. Utilization of mill tailings, fly ash and slag as mine paste backfill material: review and future perspective [J]. Construction and Building Materials, 2021, 309: 125120.

[258] WANG Z J, KOU Y P, WANG Z B, et al. Random forest slurry pressure loss model based on loop experiment [J]. Minerals, 2022, 12 (4): 447.

[259] KOU Y P, LIU Y H, LI G Q, et al. Design and implementation of an integrated management system for backfill experimental data [J]. Advances in Civil Engineering, 2022, 2022: 1876435.

[260] 李夕兵，曹芝维，周健，等. 硬岩矿山开采方式变革与智能化绿色矿山构建——以开阳磷矿为例 [J]. 中国有色金属学报，2019，29 (10)：2364-2380.

[261] GHOREISHI-MADISEH S A, HASSANI F, ABBASY F. Numerical and experimental study of geothermal heat extraction from backfilled mine stopes [J]. Applied Thermal Engineering, 2015, 90: 1119-1130.

[262] 张小艳，文德，赵玉娇，等．矿山蓄热/储能充填体的热-力性能与传热过程 [J]．煤炭学报，2021，46（10）：3158-3171.

[263] XIE H P, JU Y, GAO F, et al. Groundbreaking theoretical and technical conceptualization of fluidized mining of deep underground solid mineral resources [J]. Tunnelling and Underground Space Technology, 2017, 67: 68-70.

[264] 李维强．世界级铜矿 KAMOA-KAKULA 井下充填站容积泵选型研究及应用 [J]．世界有色金属，2021，（21）：193-194.

[265] 肖莉娜．机械-化学耦合活化对铜尾矿火山灰活性的影响 [J]．硅酸盐通报，2020，39（11）：3595-3600.

[266] 肖柏林，杨志强，陈得信，等．固结粉充填胶凝材料粉体细度对充填体强度的影响 [J]．中国科学：技术科学，2019，49（4）：402-410.

[267] ZHOU Q, LIU J H, WU A X, et al. Early-age strength property improvement and stability analysis of unclassified tailing paste backfill materials [J]. International Journal of Minerals, Metallurgy and Materials, 2020, 27 (9): 1191-1202.

[268] 李浩，王洪江．复合外加剂对充填浆体固化前后性能的影响规律 [J]．复合材料学报，2022，39（8）：3940-3949.

[269] ZHAO D F. Reactive MgO-modified slag-based binders for cemented paste backfill and potential heavy-metal leaching behavior [J]. Construction and Building Materials, 2021, 298: 123894.

[270] 刘浪，阮仕山，方治余，等．镁渣改性及其在矿山充填领域的应用探索 [J]．煤炭学报，2021，46（12）：3833-3845.

[271] WANG F, ZHENG Q Q, ZHANG G Q, et al. Preparation and hydration mechanism of mine cemented paste backfill material for secondary smelting water-granulated nickel slag [J]. Journal of New Materials for Electrochemical Systems, 2020, 23 (1): 52-59.

[272] QI T Q, FENG G R, ZHANG Y J, et al. Effects of fly ash content on properties of cement paste backfilling [J]. Journal of Residuals Science and Technology, 2015, 12 (3): 133-141.

[273] ZHAO Y, TAHERI A, KARAKUS M, et al. Effects of water content, water type and temperature on the rheological behaviour of slag-cement and fly ash-cement paste backfill [J]. International Journal of Mining Science and Technology, 2020 (30): 271-278.

[274] DING H X, ZHANG S Y. Quicklime and calcium sulfoaluminate cement used as mineral accelerators to improve the properties of cemented paste backfill with a high volume of fly ash [J]. Materials, 2020, 13 (18): 4018.

[275] 盛宇航，李广波，姜海强．减水剂与粉煤灰对全尾砂胶结充填料浆流变性能的影响 [J]．重庆大学学报，2020，43（4）：56-63.

[276] LIU L, RUAN S S, QI C C, et al. Co-disposal of magnesium slag and high-calcium fly ash as cementitious materials in backfill [J]. Journal of Cleaner Production, 2021, 279, 123684.

[277] 杨晓炳，王永定，高谦，等．利用脱硫灰渣和粉煤灰开发充填胶凝材料及在金川矿山应用 [J]．矿产综合利用，2019（4）：130-134.

[278] 吴金龙. CFB 高钙脱硫灰渣作硫铝酸盐水泥原料及掺合料试验研究 [D]. 杭州：浙江大学，2021.

[279] 韦寒波. 低品质固废高值化制备 FS 充填胶凝材料与应用研究 [D]. 北京：北京科技大学，2021.

[280] MIN C D, SHI Y, LIU Z X. Properties of cemented phosphogypsum (PG) backfill in case of partially substitution of composite Portland cement by ground granulated blast furnace slag [J]. Construction and Building Materials, 2021, 305：124786.

[281] CHEN Q S, ZHANG Q L, QI C C, et al. Recycling phosphogypsum and construction demolition waste for cemented paste backfill and its environmental impact [J]. Journal of Cleaner Production, 2018, 186：418-429.

[282] RONG K W, LAN W T, LI H Y. Industrial experiment of goaf filling using the filling materials based on hemihydrate phosphogypsum [J]. Minerals, 2020, 10 (4)：324.

[283] 陈伟，袁森森，袁波. 赤泥激发粉煤灰充填材料设计及激发机理研究 [J]. 武汉理工大学学报，2019，41 (3)：20-23，32.

[284] 祝丽萍，倪文，高术杰，等. 赤泥-矿渣-脱硫石膏-少熟料胶结剂的适应性及早期水化 [J]. 工程科学学报，2015，37 (4)：414-421.

[285] LI S, ZHANG R, FENG R, et al. Feasibility of recycling bayer process red mud for the safety backfill mining of layered soft bauxite under coal seams [J]. Minerals, 2021, 11 (7)：722.

[286] WANG Z K, WANG Y M, WU L B, et al. Effective reuse of red mud as supplementary material in cemented paste backfill：durability and environmental impact [J]. Construction and Building Materials, 2022, 328：127002.

[287] 赵康，伍俊，严雅静，等. 尾砂胶结充填体裂纹演化多尺度特征 [J]. 岩石力学与工程学报，2022，41 (8)：1626-1636.

[288] 赵永辉，冉洪宇，冯国瑞，等. 单轴压缩下不同高宽比矸石胶结充填体损伤演化及破坏特征研究 [J]. 采矿与安全工程学报，2022，39 (4)：674-682.

[289] 刘周超. 不同尺寸胶结充填体力学特性及损伤破坏机制 [D]. 赣州：江西理工大学，2022.

[290] 程爱平，舒鹏飞，张玉山，等. 充填体-围岩组合体声发射特征与损伤本构研究 [J]. 采矿与安全工程学报，2020，37 (6)：1238-1245.

[291] ZHAO K, YU X, ZHU S T, et al. Acoustic emission fractal characteristics and mechanical damage mechanism of cemented paste backfill prepared with tantalum niobium mine tailings [J]. Construction and Building Materials, 2020, 258：119720.

[292] 杨明，柳磊，刘佳佳，等. 围压对高阶煤瓦斯吸附规律影响的 LNMR 实验研究 [J]. 采矿与安全工程学报，2020，6：1274-1281.

[293] 孙伟，吴爱祥，侯克鹏，等. 基于 X-Ray CT 试验的塌陷区回填体孔隙结构研究 [J]. 岩土力学，2017，38 (12)：3635-3642.

[294] WANG Y, WANG H J, ZHOU X L, et al. In situ X-Ray CT investigations of meso-damage evolution of cemented waste rock-tailings backfill (CWRTB) during triaxial deformation [J].

Minerals，2019，9（1）：52.

［295］易雪枫，刘春康，王宇．金属矿尾废胶结充填体破裂演化过程原位 CT 扫描试验研究［J］．岩土力学，2020，41（10）：3365-3373.

［296］辛杰．尾砂胶结充填材料的微细观结构特征与力学特性研究［D］．西安：西安科技大学，2020.

［297］董越，杨晓炳，高谦．基于图像法分析孔隙特征对加气充填砼性能的影响［J］．材料导报 B：研究篇，2018，32（9）：3128-3134.

［298］杜锋，王凯，董香栾，等．基于 CT 三维重构的煤岩组合体损伤破坏数值模拟研究［J］．煤炭学报，2021，46（S1）：253-262.

［299］魏天宇，王旭宏，吕涛，等．湿化膨胀与掺砂率对混合型缓冲材料 THM 耦合过程的影响分析［J］．岩土力学，2022，43（2）：549-562.

［300］肖柏林．钢渣矿渣制备胶结剂及其在全尾砂胶结充填的应用［D］．北京：北京科技大学，2020.